21世纪高等学校计算机类专业
核心课程系列教材

网页设计与开发

HTML、CSS、JavaScript 实验教程

（第2版）

◎ 郑娅峰 杨玉叶 主编

清华大学出版社

北京

内 容 简 介

本书是为满足"网页设计"课程教学的需要,并配合清华大学出版社出版的《网页设计与开发——HTML、CSS、JavaScript 实例教程(第 4 版)-微课视频版》教材而编写的实验与实践教程。

本书共 12 章,包含网页设计基础、页面布局、CSS、JavaScript 以及 HTML5 应用几方面的内容。前 10 章每章分为讲述与示范、理论解答题和学生实验三部分。讲述与示范部分提供 3～5 个相关内容的实验分析、规划、步骤和最终代码。理论解答题部分提供大量填空、选择、简答等类型习题。学生实验部分提供指定案例图文素材及效果图供学生练习。

本书结构合理,实验内容由浅入深,从设计的角度讲述了网页元素如何应用于商业化网站的设计和开发。本书可作为高等学校本科计算机及相关专业"网页设计"课程的实验与实践教材,也可供从事网页设计与制作、网站开发、网页编程等工作的人员参考。

图书在版编目(CIP)数据

网页设计与开发:HTML、CSS、JavaScript 实验教程/郑娅峰,杨玉叶主编.—2 版.—北京:清华大学出版社,2021.6(2023.10重印)
21 世纪高等学校计算机类专业核心课程系列教材
ISBN 978-7-302-55688-6

Ⅰ. ①网… Ⅱ. ①郑… ②杨… Ⅲ. ①超文本标记语言—程序设计—高等学校—教材 ②网页制作工具—高等学校—教材 ③JAVA 语言—程序设计—高等学校—教材 Ⅳ. ① TP312.8 ②TP393.092.2

中国版本图书馆 CIP 数据核字(2020)第 104343 号

策划编辑:	魏江江
责任编辑:	王冰飞
封面设计:	刘　键
责任校对:	焦丽丽
责任印制:	刘海龙

出版发行:清华大学出版社
网　　址:http://www.tup.com.cn,http://www.wqbook.com
地　　址:北京清华大学学研大厦 A 座　　　邮　　编:100084
社 总 机:010-83470000　　　　　　　　　邮　　购:010-62786544
投稿与读者服务:010-62776969,c-service@tup.tsinghua.edu.cn
质量反馈:010-62772015,zhiliang@tup.tsinghua.edu.cn
课件下载:http://www.tup.com.cn,010-83470236

印 装 者:三河市铭诚印务有限公司
经　销:全国新华书店
开　本:185mm×260mm　　印　张:13.25　　字　数:305 千字
版　次:2017 年 2 月第 1 版　2021 年 7 月第 2 版　印　次:2023 年 10 月第 3 次印刷
印　数:14501～15500
定　价:34.00 元

产品编号:088124-01

前 言

党的二十大报告中指出：教育、科技、人才是全面建设社会主义现代化国家的基础性、战略性支撑。必须坚持科技是第一生产力、人才是第一资源、创新是第一动力，深入实施科教兴国战略、人才强国战略、创新驱动发展战略，这三大战略共同服务于创新型国家的建设。高等教育与经济社会发展紧密相连，对促进就业创业、助力经济社会发展、增进人民福祉具有重要意义。

"网页设计"是高等院校计算机及其相关专业的一门重要的基础课程，也是一门对实践性和技能性要求都很强的学科。本书是为满足网页设计课程教学的需要，并配合清华大学出版社出版的《网页设计与开发——HTML、CSS、JavaScript 实例教程（第 4 版)-微课视频版》教材而编写的实验与实践教程。

全书共分为 12 章，前 10 章每章分为讲述与示范、理论解答题和学生实验三部分。讲述与示范部分提供 3～5 个相关内容的实验分析、规划、步骤和最终代码。理论解答题部分提供大量填空、选择、简答等类型习题。学生实验部分提供指定案例图文素材及效果图供学生练习。

主要内容

本书内容大致分为网页基本元素，CSS、JavaScript 和 HTML5 应用，页面布局和整站建设三部分。第 1、2 章主要练习网页设计的基本概念和文档结构，完成相关工具的安装。第 3～7 章主要练习网页元素在实际应用中的使用，包含文字与段落涉及的图文混排方式、列表涉及的导航制作、表格布局局部页面、表单页面设计等约 30 个实践实验的讲述。第 8 章主要练习 DIV+CSS 的页面布局。第 9 章练习 JavaScript 在交互式网页开发中的基本应用。第 10 章练习 HTML5 新增特性的应用。第 11、12 章练习从需求分析到栏目设计最终进行布局和细节处理以及发布的整站建设过程。

本书特点

本书为清华大学出版社出版的《网页设计与开发——HTML、CSS、JavaScript 实例教程(第 4 版)-微课视频版》一书在网页设计基本元素、页面布局和整站建设等方面通过实验指导、理论习题、学生实验提供有力支持。为方便读者，主教材中的学生作业题在本书的各章中都进行了详细的讲解。

在实验案例的安排上，从培养学生面向商业化网页开发的角度出发，所有实验都精选知名网站的典型页面作为案例，并通过讲述和示范逐步分解其中的技术实现，使学生能够对技术在具体设计中的灵活使用有深刻的感受。

考虑到学生在课后学习中对理论知识的巩固和实践技能的提升要求，本书配备大量的理论试题和学生实验，方便学生进行考试复习、自我评测和练习使用。

教学资源

为了帮助读者更好地使用本教材，我们提供以下配套资源：

(1) 实验的完整源代码；

(2) 学生实验部分的素材；

(3) 理论解答题的参考答案。

以上资料可以通过扫描目录上方的二维码下载。

本书的几位作者都是工作于教学与科研一线的骨干教师，具有丰富的教学实践经验。全书由郑娅峰负责规划。具体分工如下：第 1～4 章由李继蕊编写；第 5～7 章由郑娅峰编写；第 8、9 章由赵文艳编写；第 10 章由赵亚宁编写；第 11、12 章由杨玉叶编写。全书最后由郑娅峰、杨玉叶进行了编排和审定。

在本书的编写过程中，得到了清华大学出版社的魏江江分社长和王冰飞编辑的大力支持，他们付出了艰辛的劳动，使本书能如期与读者见面。在此谨向他们表示衷心的感谢。

本书虽经多次校对审稿，但限于编者水平，仍难免会有不当之处，恳请读者批评指正。

编　者

2021 年 3 月

目 录

配套资源

## 第 1 章

网页设计简介

万维网是这个时代最重要的信息传播工具。任何人都可以创建自己的网站,然后把它发布在 Internet 上。了解万维网的发展和基本概念,将有助于加深对网页设计相关知识的认识和理解。

本次实验将学习:

(1) 万维网的基本表现形式。

(2) 网页设计的相关概念。

(3) 网页设计的基本工具。

实验目标:

(1) 掌握不同 URL 资源的访问方法。

(2) 安装和熟悉 IE6 浏览器以及 EditPlus 编辑工具。

(3) 使用记事本编写和保存一个简单网页。

1.1 讲述与示范

实验 1:优秀网站赏析

从配套资源中打开不同类型、不同风格、不同特色的优秀网站,让学生欣赏,使学生对网站制作课程有一个初步了解,激发学生的学习兴趣,同时指导学生分析各类网站的总体布局、色彩搭配、内容规划等,为后面的学习打基础。各种不同类型和风格的网站地址如下。

综合门户网站:新浪网 https://www.sina.com.cn;

政府网站:中华人民共和国中央人民政府 https://www.gov.cn/;

教育网站:清华大学 https://www.tsinghua.edu.cn/;

商业网站:淘宝网 https://www.taobao.com。

实验 2：体会超链接在网页中的广泛应用

在浏览器地址栏中输入"www. sina. com. cn",打开新浪网主页面。单击图片、栏目等进入下一个页面,体会超链接的应用。网页可以通过字体、图片等不同的形式进行链接。判断网页中的某个对象是否是超链接有一个简单的方法,就是当鼠标的光标箭头移到这个文字或者图片上时,如果是超链接,浏览器便会改变光标为一只手的形状。

打开美的官网 https://www. midea. com. cn/,使用超链接功能找到微波炉产品的具体信息,体会使用文字和图片等不同的超链接方式。

实验 3：多种 URL 资源的访问方法

统一资源定位器(Uniform Resource Locator,URL)用于描述 Internet 上资源的位置和访问方式。人们通常所说的网址就是一种统一资源定位符。依次把下面的内容输入地址栏内,看看有什么不同的效果和功能。

百度搜索：https://www. baidu. com。

香港中文大学 FTP 站点：//ftp. cuhk. edu. hk/。

实验 4：使用记事本编写网页

要创建一个新的网页内容,可以使用 Windows 操作系统中自带的记事本进行编辑。

步骤 1：打开记事本程序

依次单击"开始菜单"|"程序"|"附件"|"记事本"找到该程序。

步骤 2：输入代码

在记事本的输入区,将如下代码粘贴到程序的工作区中。

```html
<! DOCTYPE html >
< html >
< head >
    < title >我的个人主页</title >
</head >
< body >
    < h2 align = "center">欢迎来到我的个人主页</h2 >
    < hr >
    < p >这是我开发的第一个网页</p >
</body >
</html >
```

步骤 3：保存，查看效果

从菜单中选择"文件"|"另存为"，将该文本文件命名为"1-1.html"。然后打开 IE 浏览器，从菜单栏中依次选择"文件"|"打开"，在弹出的对话框中，单击"浏览"按钮，找到刚才保存的文件，打开查看该网页效果。

实验 5：了解 EditPlus 编辑器

EditPlus 是一款专业的文本编辑器。它比记事本提供了更便捷的功能，例如自动添加标记、高亮显示一些代码和英文拼字检查等。请从配套资源（见前言）第 1 章"工具"文件夹中找到 EditPlus 工具。

步骤 1：创建新文件

单击工具栏中的"文件"|"新建"创建一个新文件，将程序代码 1-1 写入空白工作区。EditPlus 自动将不同属性的内容使用不同颜色区别显示，并能够有效显示错误标记。

步骤 2：保存、查看效果

从菜单中选择"文件"|"另存为"，将该文本文件命名为"1-2.html"。在文件夹中双击"1-2.html"。查看显示效果同实验 4。

实验 6：了解浏览工具的安装

有很多浏览器可供选择，它们都可以浏览 WWW 上的内容。目前，最普及的浏览器当属微软（Microsoft）公司的 Internet Explorer（IE），它是和 Windows 系统绑定在一起的，其他一些浏览器包括 Opera、Mozilla Firefox（俗称"火狐狸"或"火狐"）、腾讯 TT、谷歌 Chrome 等。下面学习浏览器的安装。从配套资源第 1 章"工具"文件夹中找到 Mozilla Firefox，开始安装。

1.2　理论解答题

1. 选择题

（1）通常网页的首页被称为（　　　）。

　　A. 主页　　　　　　　　　　　　　B. 网页

　　C. 页面　　　　　　　　　　　　　D. 网址

(2) 网页的基本语言是(　　)。

    A. JavaScript   B. VBScript

    C. HTML   D. XML

(3) 网页在 Internet 上是通过 URL 来指明其所在的位置的,每个不同的网页都应该有不同的 URL,例如 263 网站主页的 URL 就是(　　)。

    A. https://www.263.com   B. https:\\www.263.com

    C. ftp://www.263.com   D. mailto：www.263.com

(4) 下列不属于 Macromedia 公司产品的是(　　)。

    A. Dreamweaver   B. Fireworks

    C. Flash   D. FrontPage

(5) 下列属于静态网页的是(　　)。

    A. index.htm   B. index.jsp

    C. index.asp   D. index.php

(6) 属于网页制作平台的是(　　)。

    A. Photoshop   B. Flash

    C. Dreamweaver   D. CuteFTP

(7) 要想在打开网页时弹出一个信息框,可以使用(　　)技术实现。

    A. CSS   B. HTML

    C. JavaScript   D. URL

(8) 以下说法中,错误的是(　　)。

    A. 网页的本质就是 HTML 源代码

    B. 网页就是主页

    C. 使用"记事本"编辑网页时,应将其保存为.htm 或.html 扩展名

    D. 本地网站通常就是一个完整的文件夹

(9) URL 是(　　)的简写,中文译作(　　)。

    A. Uniform Real Locator,全球定位

    B. Unin Resource Locator,全球资源定位

    C. Uniform Real Locator,全球资源定位

    D. Uniform Resource Locator,全球资源定位

(10) (　　)软件不能编辑 HTML。

    A. 记事本   B. FrontPage

    C. Dreamweaver   D. C 语言

2. 填空题

(1) 从 IE 浏览器的菜单中选择_____命令,可以在打开的记事本中查看到网页

的源代码。

（2）实现网页交互性的核心技术是_____。

（3）CSS 的全称是_____。

（4）万维网的英文简称是_____。

（5）几种比较流行的网络协议包括_____、_____和_____。

（6）HTML 文件的扩展名是_____或_____。

（7）HTML 的中文全称是_____。

3. 简答题

（1）写出 URL 包含的三个部分内容的作用。

（2）CSS 样式与 HTML 样式有何不同？

（3）说出几种目前你知道的浏览器产品。

（4）网页、浏览器、网站和网络服务器之间的关系是什么？

（5）使用什么编写 HTML 网页？

1.3　学　生　实　验

打开记事本，编写第一个页面。

（1）打开记事本：选择"开始"|"程序"|"附件"|"记事本"。

（2）输入下面的代码。

```
<!DOCTYPE html>
<html>
<head>
    <title>欢迎你!我的朋友.</title>
    <style>
        h1{font-family:幼圆;font-size:x-large;color:red;}
    </style>
</head>
<body>
    <h1>当你进入 HTML 编程世界的时候,你的<br>感觉是全新的! </h1>
    <script language="JavaScript">
        alert("welcome!朋友们");
```

```
    </script>
</body>
</html>
```

（3）选择"文件"|"另存为"，选择文件类型为"所有文件"，文件名输入"index. html"，并选择文件保存地址（记住一定要把文件的后缀存为. html 或. htm，否则网页无法显示）。

用浏览器打开这个文件，试观察效果。

## 第 2 章

HTML 基础

HTML 是 WWW 的描述语言,是 Internet 上用于编写网页的主要语言。HTML 中每个用来作为标记的符号都可以看作是一条命令,它告诉浏览器应该如何显示文件的内容。熟悉 HTML 文件结构的基本组成是学习网页编程的重要一步。

本次实验将学习:

(1) HTML 文件的基本结构。

(2) 标记及属性的使用规则。

(3) HTML 文件编写的注意事项。

实验目标:

(1) 掌握编写简单 HTML 文件的方法。

(2) 设计一个具有 HTML 基本结构的页面,并显示出来。

2.1 讲述与示范

实验 1:HTML 文件的编写规则

实验要求:

在一个页面上显示下面一首诗。

> 早发白帝城
> 李白
> 朝辞白帝彩云间,千里江陵一日还.
> 两岸猿声啼不住,轻舟已过万重山.

实验分析:

上述材料是一首诗,可以用一些简单的标记,如用< h1 >或者< h2 >表示标题字,正文可以用< p >标记。

实验步骤:

步骤 1:创建页面 2-1. html,完成内容的基本布局

首先不考虑页面内容的编写,而写出一个基本的页面结构,如下面的代码。

```
<!DOCTYPE html>
<html>
    <head>
        <title>唐诗一首</title>
    </head>
<body>
</body>
</html>
```

一个页面的基本结构包括文档类型声明、HEAD 和 BODY 三个部分。其中:

(1) 文档类型声明部分告诉了浏览器应当以何种规则解析页面里的标记,并展现出来。在文档类型之前不允许出现其他内容。

(2) <HEAD>部分中的内容不会显示在浏览器中,通常包括网页标题的<title>标记、用<style>标记定义的网页元素显示样式以及一些公共属性,如描述网页作者、搜索关键字和语言编码之类的信息。

(3) <BODY>部分包含将在浏览器窗口内出现的用各种标记定义的网页元素,如图片<img>、超链接<a>等。

步骤 2:在< body >内添加需要显示的元素

例如,标记<h1>是一个闭合标记,表示一级标题,标题的内容应当放在< h1 ></h1>标记中,如< h1 >早发白帝城</h1 >。下面是添加了内容后的网页 2-1. html。

```
<!DOCTYPE html>
<html>
<head>
    <title>唐诗一首</title>
</head>
<body>
    <h2>早发白帝城</h2>
    <h5>李白</h5>
    <p>
    朝辞白帝彩云间,千里江陵一日还.
    <br>
```

```
        两岸猿声啼不住,轻舟已过万重山.
    </p>
</body>
</html>
```

在上述页面代码中,除了<h2>和<h5>表示标题字之外,<p>标记是一个文字段落标记,它是一个闭合标记,而
是一个单标记,表示换行开始显示后面的元素。页面 2-1.html 的效果如图 2-1 所示。

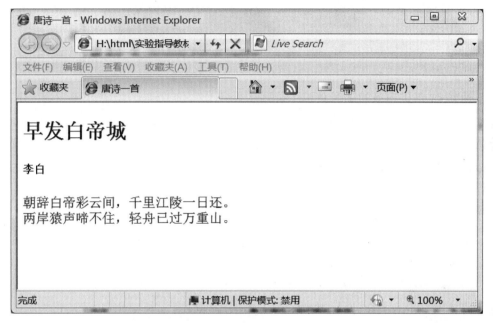

图 2-1　一个基本的文本页面

实验 2：标记元素的属性

实验要求：

针对实验 1 中的页面进行修饰,要求将内容居中排列,该诗标题的颜色改为 ♯B22222 的色值,适当修饰该诗内容的字间距和行间距。

实验分析：

这是对页面元素进行修饰。一个简单的方式就是在利用标记定义一个页面元素的时候直接设定该元素的不同属性值。例如,设置标题字居中对齐可以采取如下方法。

```
< h2 align = "center">早发白帝城</h2 >
```

实验步骤:

步骤 1:修饰诗的标题样式

对于标题样式的居中,可以采取直接定义属性 align 的值来达到目的,但是对于显示颜色修改的要求,< h2 >标记并没有直接提供,需要使用 style 属性来定义,如下。

```
< h2 align = "center" style = "color:♯B22222;">早发白帝城</h2 >
```

在 style 属性中,可以同时定义多个作用于该标记的样式属性,每个属性间用分号隔开。

步骤 2:修饰内容的字间距和行间距

唐诗的内容包含在< p >标记内,因此设置段落的字间距和行间距需要修改< p >标记的属性。对于< p >标记来讲,align 属性可以直接调整,但是字间距和行间距并没有直接定义,需要通过设计 style 的属性来确定,如下。

```
< p  align = "center" style = "letter - spacing:3px;line - height:2.5;">
```

在这个标记的 style 定义中,letter-spacing 表示字间距,3px 表示三个像素,而 line-height 表示行间距,2.5 表示倍数,表示是当前字体尺寸的 2.5 倍。

最后修饰过的页面代码如下面的程序 2-2 所示。

```
<!DOCTYPE html >
< html >
< head >
 < title>唐诗一首</title>
</head >
< body >
< h2 align = "center" style = "color:♯B22222;">早发白帝城</h2 >
 < h5 align = "center">李白</h5 >
< p align = "center" style = "letter - spacing:3px;line - height:2.5;">
    朝辞白帝彩云间,千里江陵一日还.
    < br >
    两岸猿声啼不住,轻舟已过万重山.
</p >
</body >
</html >
```

运行效果如图 2-2 所示。

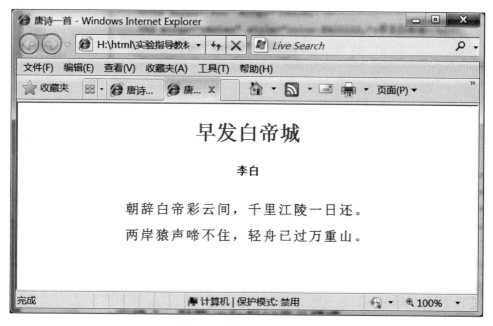

图 2-2　修饰后的唐诗页面

实验 3：利用 style 标记定义样式

实验要求：

利用< head >标记内嵌入< style >标记的方法，定义通用的样式，对实验 2 的页面代码进行修改。

实验分析：

实验 2 中的每个样式修饰都和具体的一个元素标记结合在一起，有些时候，某些样式可能适用于很多元素，例如，关于字体、字号、颜色、字间距和行间距等，因此把它们独立出来单独定义，然后在具体的元素内容中引用，这样的做法更合适。因为如果需要修改页面的效果时，只需要在样式部分修改就可以，无须逐一修改涉及的每个元素。

实验步骤：

步骤 1：在< head >内嵌入< style >标记

```
<!DOCTYPE html >
< html >
< head >
```

```
    <title>唐诗一首</title>
    <style type = "text/css">
        <! -- 在这里添加样式 -->
    </style>
</head>
<body>
</body>
</html>
```

< style >标记用来定义页面内部使用的样式表，具体内容和语法请参照相关 CSS 部分的讲解。

步骤 2：在< style >标记内添加样式，并在正文中引用

在这一步骤中，需要将页面中用到的样式移出到< style >部分。首先，定义适用于唐诗标题的样式。

```
.poemTitle{text - align:center;color: #B22222;}
```

和实验 2 中相比，原来定义在< h2 >标记中的样式在这里用一个名为 poemTitle 的样式替代了。这个以圆点开头，后跟名称的，形如".poemTitle"的样式定义被称为类选择符，在正文中元素引用时，需要使用标记的 class 属性定义。如修改后的< h2 >标记如下。

```
< h2 class = "poemTitle">早发白帝城</h2>
```

它的效果和直接在标记中定义属性是一样的。下面是一个完整的修改后的页面代码 2-3. html，其运行效果和图 2-2 一致。

```
<! DOCTYPE html >
< html >
< head >
< title >唐诗一首</title>
< style type = "text/css">
    * {text - align:center;}
    .poemTitle{color: #B22222;}
    .poemText{letter - spacing:3px;line - height:2.5;}
</style>
```

```
</head>
<body>
 <h2 class = "poemTitle">早发白帝城</h2>
  <h5 align = "center">李白</h5>
 <p class = "poemText">
    朝辞白帝彩云间,千里江陵一日还.
    <br>
    两岸猿声啼不住,轻舟已过万重山.
</p>
</body>
</html>
```

(1) * {text-align:center;}表示该样式适用于所有的元素,这样就省略了每个标记中都出现的 align=center 定义了。

(2) 每个需要样式引用的元素,在标记内直接定义自己的 class 属性就可以了。

2.2　理论解答题

1. 选择题

(1) < title ></ title >标记必须包含在(　　)标记中。

    A. < body ></ body >　　　　　　　B. < table ></ table >

    C. < head >< head >　　　　　　　　D. < P ></ P >

(2) 在网页源代码中,(　　)标记必不可少。

    A. < html >　　　　　　　　　　　B. < p >

    C. < table >　　　　　　　　　　　D. < br >

(3) 关于 HTML 文件的说法错误的是(　　)。

    A. HTML 文件是一个包含标记的文本文件

    B. 这些标记告诉浏览器怎样显示这个页面

    C. HTML 文件必须以 htm 为扩展名

    D. HTML 文件可以用一个简单的文本编辑器创建

(4) 关于 HTML 文件的说法正确的是(　　)。

    A. HTML 标记都必须配对使用

    B. 在< title >和</title >标记之间的是头信息

    C. HTML 标记是与大小写无关的,<b>与<B>表示的意思是一样的

    D. 在<u>和</u>标记之间的文本会以加粗字体显示

(5) 针对标记属性声明正确的是(　　)。

    A. <hr size="5px" align="center">

    B. <hr size:5px align:center>

    C. <hr size="5px",align="center">

    D. <hr size:"5px" align:"center">

(6) 正确的页面注释格式是(　　)。

    A. <!——注释内容——>   B. <——注释内容——>

    C. <!注释内容>   D. <!注释内容! >

(7) 下面的标记中属于单标记的是(　　)。

    A. <html>   B. <p>

    C. <table>   D.

2. 填空题

(1) _____是在 HTML 代码中插入的描述性文本,用来解释该代码或提供其他信息。

(2) 一个完整的 HTML 文件包含头部和主体两个部分的内容,其对应的标记是_____和_____。

(3) 在 HTML5 中,遵循化繁为简的设计原则,简化了 DOCTYPE 声明及字符集,简化后的 DOCTYPE 声明代码是_____。

(4) <style>标记包含在_____标记中。

(5) META 中用于定义网页关键字信息的属性值是_____。

3. 简答题

(1) 简述 META 标记的作用。

(2) 在页面开始部分加上不同的 DOCTYPE 声明有何作用?

2.3　学　生　实　验

根据提供的实验素材 hw1.doc,参照本章实验 2 和实验 3 建立一个如图 2-3 所示的 HTML 文档。

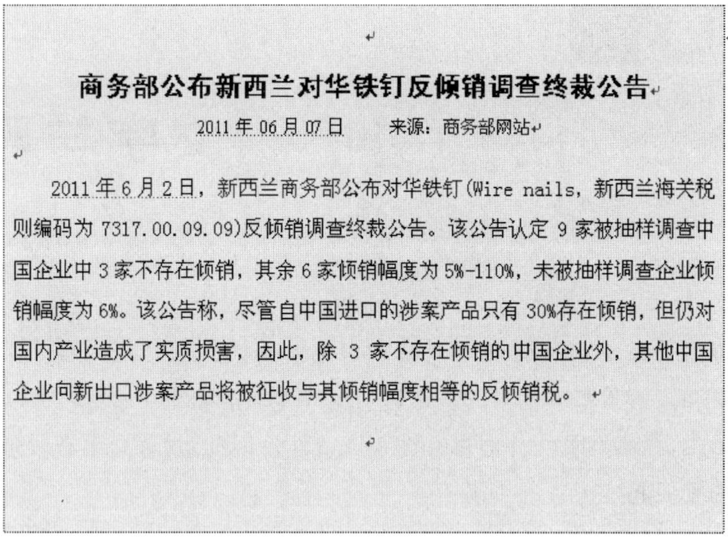

商务部公布新西兰对华铁钉反倾销调查终裁公告

2011 年 06 月 07 日　　来源：商务部网站

2011 年 6 月 2 日，新西兰商务部公布对华铁钉(Wire nails，新西兰海关税则编码为 7317.00.09.09)反倾销调查终裁公告。该公告认定 9 家被抽样调查中国企业中 3 家不存在倾销，其余 6 家倾销幅度为 5%-110%，未被抽样调查企业倾销幅度为 6%。该公告称，尽管自中国进口的涉案产品只有 30%存在倾销，但仍对国内产业造成了实质损害，因此，除 3 家不存在倾销的中国企业外，其他中国企业向新出口涉案产品将被征收与其倾销幅度相等的反倾销税。

图 2-3　基本的网页结构实验

（注：首行缩进用"text-indent:2em"样式属性定义。）

文字与段落

文字与段落是整个 HTML 知识体系中最为基础的一项知识内容。任何网页的实现都是以文字和段落为基本元素的。通过对文字与段落属性的设置,可以使文字呈现不同的表现形式,提高网页文件的可读性和观赏性。因此,学好文字和段落的设置是学习网页设计的重要起步。

本次实验将学习:

(1) 标题字标记的应用。

(2) 普通文字标记的使用。

(3) 段落标记< p >的使用。

(4) 文字修饰样式属性的使用。

(5) 文字和段落样式属性的修饰定义。

实验目标:

(1) 掌握定义标题、段落及标记文字的显示格式等常用标记。

(2) 掌握文字段落排版的基本规则。

(3) 能够完成文本型页面的设计与实现。

3.1　讲述与示范

一直以来,文字能最有效地传递信息。把文字置入页面是一个简单的工作,但是把它设计成美观大方和赏心悦目的网页却是一项挑战性的工作。

实验 1:网页欣赏

文字是体现网页内容的主体,是一个网页的灵魂。文字排版的好坏,将直接影响版面的视觉效果。因此,文字设计是增强视觉传达效果,提高版面审美度的一种重要技术。文字的设计与排版看似简单,却蕴含很多的技巧。下面首先欣赏几个优秀的利用文字进行排版的页面。

图 3-1 是著名的 CSS 设计网站禅意花园网站的官网,其主要是基于文字进行排版设计的首页。在它的首页中,几乎没有图片出现,设计者通过字体、字号和颜色的变化,将标题和内容做了有效的区分,并充分运用了间距、留白和对齐方式等属性的设置和变化进行页面布局,达到了简约而美观的视觉效果。

图 3-1 CSS 设计网站禅意花园官网

图 3-2 是一张基于文字内容的个人简介的页面布局。这张页面充分运用了对比强烈的黑白色背景和具有冲击力字体的组合,形成层次分明的区域间隔,在有限的空间中尽可能多地呈现了内容信息。

图 3-2 文本布局的一个页面案例

一般而言,在进行文本内容的设计时,需要注意以下问题。

1. 字体

font-family 属性可以设置文本的字体。通常系统中都提供了很多字体可供选择,例如,中文字体就包括宋体(SimSun)、黑体(SimHei)、幼圆和琥珀等,其中,黑体适合用作标题,而宋体一般用于正文。但是网页中的字体正常显示依赖于浏览器所在的系统中是否安装相应的字库,如果没有安装,浏览器就会显示为默认的字体。除此之外,还包含一些不常用但也很重要的字体:英文字体(Typeface)。英文字体是一个总称,在这个大类之下,主要分为以下几类。衬线体:该字体中在笔画边缘的装饰部分就是衬线,可以清楚地标明笔触的末端。特别注意的是,中文字体也有衬线字体,如宋体。等宽字体:该字体只针对西文字体,因为英文字母的宽度各不相同。编程过程中如果字母不等宽那么排版就会很难看。我们常用的 DOS 窗口中的命令行就是等宽字体。手写体:此类字体主要是手写风格的字体,也称为书法字体。

2. 字号

字号主要是设置文本内容的大小,不同位置或者不同功能的文本有着不同的显示样式,这就需要调整对应的字号大小。font-size 可以设置文本的大小,其正确的选择是确保信息能够准确、清晰地在网页上呈现给用户和使用者的有效前提。

3. 字符间距

在网页页面中,文本的友好显示方式可以给用户和使用者带来赏心悦目的感觉。适当的字符间距,可以有效地避免造成拥挤和紧密的排版效果。字符间距的变化也会对文本的可读性产生很大影响。一般而言,字符的间距应当以能够保证阅读的连续性为宜。letter-spacing 和 word-spacing 可以用来调整字间距和词间距。

4. 行间距

行间距同字符间距性质一样,前者是调整文本内容各行之间的间距,后者是调整每一行内字符之间的间隔。行间距是纵向宏观调整排版效果,字符间距是横向微观改变显示效果。一般情况下,接近字体尺寸的行间距设置比较适合正文。行间距的常规比例为 10∶12,即用字 10 点,则行间距 12 点。line-height 可以用来调整行高。

5. 段落间距

段落间距和前两者之间有所区别。没有专有属性来设置段落间距,实际使用中采用的是设置段落 p 的内边距 padding 或者外边距 margin 来实现。段落间距选取合理数值有助于整体页面的美观和阅读。

6. 颜色

颜色是通过设置 color 属性来实现对文本或背景等元素控制。其属性值可以采用 6 位十六进制数来表示,如红色可表示为♯FF0000,也可简写为♯F00。除此之外,也可采用颜色名称,例如绿色可以写成 green。有些情况下写成 RGB(255,0,0)也可表示红色,此类情况是调用 RGB()函数。颜色的运用除了能够起到强调整体文字中特殊部分的作用之外,对于整个文案的情感表达也会产生影响。例如,对于重点强调的文字可以采用醒目的颜色。

7. 文字的图形化

在文本内容整体排版中,文字图形化是一种具有艺术表现力的文字编排形式。目前国际平面设计界以平面设计中文字的图形化表现为切入点,对文字图形化的表现形式和表现手法以及在平面设计的应用进行探讨性分析,挖掘出了文字与图形化设计的更多表现形式。一些常用的文字图形化方法包括替换法、共用法、叠加法、分解重构法等。

对文字进行艺术化设计,将文字变为图形化的元素来使用,既体现了语义的功能,又可以一种更富创意的形式表达出深层的设计思想,克服网页的单调与平淡,体现出美学的效应。可以看到,通过对文字的灵活使用,可以创建界面优美、性能优良且具有强大生命力的网站。

实验 2:唐诗页面设计

实验要求:

下面是一首唐诗的素材,这是一种正文内容较少的页面,要求综合运用字体、字号、字间距、行间距、颜色和对齐方式等属性的设计,用一个独立的页面设计一个有良好视觉效果和阅读效果的网页。

> 早发白帝城
> 李白
> 朝辞白帝彩云间,
> 千里江陵一日还.
> 两岸猿声啼不住,
> 轻舟已过万重山.
> 【简析】诗是写景的.唐肃宗乾元二年(759 年),诗人流放夜郎,行至白帝遇赦,乘舟东还江陵时而作此诗.诗意在描摹自白帝至江陵一段长江,水急流速,舟行若飞的情况.首句写白帝城之高;第二句写江陵路遥,舟行迅速;第三句以山影猿声烘托行舟飞进;第四句写行舟轻如无物,点明水势如泻.全诗锋棱挺拔,一泻直下,快船快意,令人神远.难怪乎明人杨慎赞曰:"惊风雨而泣鬼神矣!"

实验分析:

对于这样的素材,可以看出,整个内容可以分为两个部分:一个是诗的正文,一个是诗的简析,因此,在结构上可以将页面分为上下两个部分,其中上方作为正文使用,以突出页面主题。

正文内容是整篇文字的主题,在表现时可以通过字体字号的设计予以突出,另外由于内容并不是很多,因此在设计上可以通过字符间距和行间距在文字和段落中保持适当的间隙达到平衡。

简析部分由于是该诗的讲解部分,因此在设计上不应喧宾夺主。具体来讲,可以通过用较小的字号来突出正文。另外,也可以通过色彩来区别,例如正文采用较吸引人的亮色,简析采用暗色等。

实验步骤:

通过上述的分析,从材料内容上看,可以分为几种情况:标题字、作者、正文、简析。因此可以针对这几部分分别定义它们的显示风格。

步骤 1:创建页面结构,完成内容的基本布局

页面通过引入一个能够生成一个矩形框的标记< DIV >,将内容全部放在此方框内,下面是页面的基本结构。

```
<!DOCTYPE html >
< html >
< head >
    < style type = "text/css">
        .container{width:650px;margin:0 auto;text - align:center;
            background - color: #EFEFDA;padding: 20px;}
    </style>
</head>
< body >
    < div class = "container">
        <! -- 在此内部添加内容-->
    </div >
</body>
</html >
```

在页面的样式定义部分(style),定义了页面中 DIV 标记应当使用的样式(通过设置 class 属性),如下。

```
.container{width:650px;margin:0 auto;text - align:center;
    background - color: #EFEFDA;padding: 20px;}
```

这里将矩形框的背景设置了特定的颜色,里面的文本内容通过"margin:0 auto;"设置为居中对齐,另外规定了矩形框的宽度为 650px。这样的设置确保了将要显示的内容局限在一个矩形框内,并且居于页面的水平中央。

步骤 2:添加各部分的样式定义

在完成了基本的页面结构后,下面开始添加内容到页面。根据材料分析,可以采用上下结构来进行布局,上方为诗的正文,下方为诗的简析。由于正文内容较少,简析内容较多,但主题内容又在上方,因此,适当增大正文的字体、字号、字符间距和行间距保持和下文的平衡,进一步地通过将正文的颜色改变加大与简析部分的反差。下面分别定义了内容中关于标题、作者、正文和简析 4 个不同部分的使用样式。添加内容样式后的代码如下。

```
<!DOCTYPE html >
< html >
< head >
    < style type = "text/css">
        .poemAuthor{font - family:宋体;font - size:14px;}
        .poemText{font - family:宋体;font - size:24px;font - weight:bold;
                letter - spacing:12px;line - height:2.5;color: #B22222;}
        .poemComment{font - family:宋体;font - size:14px;letter - spacing:3px;
                line - height:1.5;text - align:left;}
        .emphasize{font - weight:bold;}
        .container{width:650px;margin:0 auto;text - align:center;
            background - color: #EFEFDA;padding: 20px;}
        H1{font - family:黑体;font - size:44px;color:#B22222;
            letter - spacing:12px;}
    </style >
</head >
< body >
    < div class = "container">
        <!-- 在此内部添加内容-->
        </div >
</body >
</html >
```

1)定义标题样式

通常标题适合选用黑体,由于诗词内容偏少,特别是主体内容偏少,因此适当采用较大的字号比较合适。具体地,页面为此标题定义了如下风格。

```
H1{font - family:黑体;font - size:44px;color:#B22222; letter - spacing:12px;}
```

这里为一级标题字 H1 定义了具体的风格,包括字体为黑体、字号为 44 像素、文字颜色、字符间距为 12 像素。

2)定义作者样式

作者部分相对简单,只是简单地规定了其字体和字号。

```
.poemAuthor{font - family:宋体;font - size:14px;}
```

3）定义正文样式

通常正文和标题的字号大小相差一倍左右为宜,这里选择了 24px,字体风格采用了粗体,字符间距为 12px,文本颜色和标题保持一致。

```
.poemText{ font - family:宋体;font - size:24px;font - weight:bold;
        letter - spacing:12px;line - height:2.5;color:♯B22222;}
```

为了加大正文的高度,这里特别增大了行高,设置为 2.5 倍大小。

4）定义简析样式

简析部分是相对次要的内容,因此字体采用标准宋体和较小的字号,这里选择了 14px。另外,其文字内容较多,因此字符间距调整为 3px,在对齐方式上采用左对齐的方式保持简析内容的规整。

```
.poemComment{font - family:宋体;font - size:14px;letter - spacing:3px;
          line - height:1.5;text - align:left;}
.emphasize{font - weight:bold;}
```

另外为了强调简析部分,这里特意为"【简析】"这两个字定义了特殊的风格,主要是采用粗体显示。

步骤 3:添加正文到页面,引入样式定义

程序 3-1 是对应于上面设置的页面代码。

```
<! DOCTYPE html >
< html >
< head >
< style type = "text/css">
    .poemAuthor{font - family:宋体;font - size:14px;}
    .poemText{font - family:宋体;font - size:24px;font - weight:bold;
        letter - spacing:12px;line - height:2.5;color:♯B22222;}
    .poemComment{font - family:宋体;font - size:14px;letter - spacing:3px;
        line - height:1.5;text - align:left;}
    .emphasize{font - weight:bold;}
    .container{width:650px;margin:0 auto;text - align:center;
        background - color: ♯EFEFDA;padding: 20px;}
    H1{font - family:黑体;font - size:44px;color:♯B22222;
        letter - spacing:12px;}
</style >
</head >
< body >
```

```
< div class = "container" >
    < p > < H1 > 早发白帝城</H1 ></p >
    < p class = "poemAuthor" > 李白</p >
    < p class = "poemText" >
    朝辞白帝彩云间,千里江陵一日还.
    < br/>
    两岸猿声啼不住,轻舟已过万重山.
    </p >
    < p class = "poemComment" >
    < span class = "emphasize" >【简析】    </span >
    诗是写景的.唐肃宗乾元二年(759 年),诗人流放夜郎,行至白帝遇赦,乘舟东还江陵时而
作此诗.
    诗意在描摹自白帝至江陵一段长江,水急流速,舟行若飞的情况.首句写白帝城之高;
    第二句写江陵路遥,舟行迅速;第三句以山影猿声烘托行舟飞进;
    第四句写行舟轻如无物,点明水势如泻.全诗锋棱挺拔,一泻直下,快船快意,令人神远.
    难怪乎明人杨慎赞曰:"惊风雨而泣鬼神矣!"
    </p >
</div >
</body >
</html >
```

步骤 4：查看效果

图 3-3 是最终的实现效果。

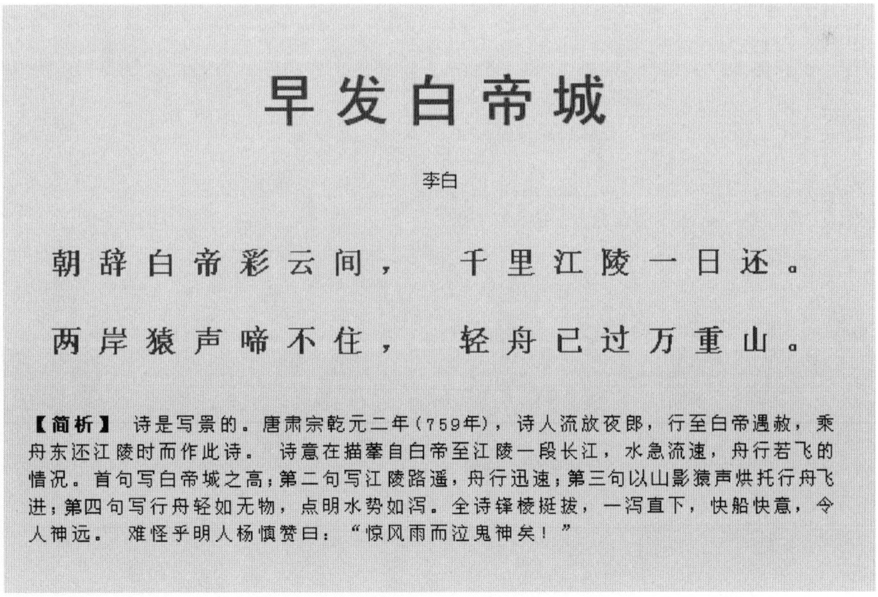

图 3-3　唐诗页面的运行效果

从图 3-3 看出，为了保持页面平衡，采用了上半部的诗词部分和下半部的简析部分保持等宽的设计，通过较大的字体、扩大的字间距和行间距等设计正文，保证整个页面不至于显得头重脚轻。

标记分析：

（1）< style >标记用于为 HTML 文档定义样式信息。这里在 style 部分分别规定了主要内容需要采用的样式定义。

（2）< div >可定义页面文档中的分区或节（division/section），将它们划分为独立的、不同的部分，这里主要是通过该标记创建一个矩形区域，把诗的正文和简析部分包含进来。

（3）< p >标记段落，这里对每一个部分都独立使用< p >标记，是因为每个部分的样式都不同，通过对标记的 class 属性设置对应于< style >中定义的样式。

（4）< br >换行标记，这里将这首诗通过换行符强制分为两行。

注意：在样式定义中，这里使用了两种方式，一种是按照标记名称定义的样式，表示在页面中出现的此类标记都将自动应用定义的样式，另外一种以点开头的样式，则当某个标记，如< P >使用时，通过设置该标记的 class 属性引入该样式。

实验 3：文章排版

实验要求：

下面是海伦·凯勒的《假如给我三天光明》中的部分内容（全文参见本书配套资源），利用掌握的有关文本型页面设计的基本规则，用一个独立的网页把它表现出来。

圣诞节

摘自《假如给我三天光明》海伦·凯勒

【内容简介】《假如给我三天光明》是海伦·凯勒的散文代表作，她以一个身残志坚的柔弱女子的视角，告诫身体健全的人们应珍惜生命，珍惜造物主赐予的一切。此外，本书中收录的《我的人生故事》是海伦·凯勒的一本自传性作品，被誉为"世界文学史上无与伦比的杰作"。

莎莉文小姐来到塔斯甘比亚后的第一个圣诞节成为我的空前盛事。家里的每个人都在为我准备一些意想不到的礼物，而更令人兴奋的是我和莎莉文小姐也在为其他人准备意外的礼物。

我高兴得不得了，猜想着人们到底给我什么礼物。家人们也想尽办法逗引我，故意给我一星半点儿暗示，或者一句半句不连续的话语，让我猜测。我和莎莉文小姐就玩着这猜谜游戏，我从中学会了许多词的用法，比上课学到的还要多得多。

每天晚上，我们整夜都围坐在暖烘烘的火炉前玩着猜谜游戏。圣诞节一天天临近，我们也越来越兴奋。

......

一天早上,我把鸟笼放在窗台上,然后去打水给它洗澡。回来一开门,感觉到一只大猫从我的脚底下钻了出去。起初我并没在意,可是当我把一只手伸进笼子,没有摸到小蒂姆的翅膀,也没有触到它尖尖的小嘴时,我心里便明白了,我再也见不到我那可爱的小歌手了。

实验分析：

这是一篇不算很长的文章,因此不用考虑分出更多的层次;对于那些内容较多的,在一两个页面无法完成的文章,应当考虑建立起页面内部的导航来方便用户阅读。

从内容上分析,本文可以分为标题、来源、内容简介和正文 4 个不同的部分。在字体的选择上,标题依然可以采用传统的黑体,而其他部分可以采用宋体来表示;在字号的大小方面,标题适当大些,保持为正文字号的两倍左右;在颜色的设计上,由于文字内容较多,为了避免长时间阅读的视觉疲劳,因此,正文字体的颜色可以适当采用较淡的颜色。

一般中文文章的段落通常需要段首缩进两个汉字,这个要求可以利用段落文字的缩进属性 text-indent 定义来实现,实践中常将其缩进值定义为段落文字字号大小的二倍。

文章排版需要注意的一个重要的问题就是段落的间距。如果文章较长而且没有合适的段落间距,往往会造成阅读者心理上的压抑,恰当的段落间距会改善阅读时的节奏。

实验步骤：

根据上面的分析,并借鉴实验 2 的过程,按以下步骤进行页面设计。

步骤 1：创建页面结构,完成内容的基本布局

页面依然利用一个矩形框的标记< DIV >将内容全部放在此方框内,下面是页面的基本结构。

```
<!DOCTYPE html >
< html >
< head >
    < style type = "text/css">
            .container{ width:650px;margin:0 auto;text - align:left;
                    background - color: #EFEFDA;padding: 20px;}
    </style>
</head>
< body >
    < div class = "container">
        <! -- 在此内部添加内容 -->
    </div>
```

```
</body>
</html>
```

步骤 2：定义页面内容不同部分的样式

```
<!DOCTYPE html>
< html >
< head >
    < style type = "text/css">
        H1{font - family:黑体;font - size:28px;color:#333333;
            letter - spacing:5px;text - align:center;}
        .author{font - family:宋体;font - size:14px;color:#9BA6B3;
            text - align:center;}
        .textBody{font - family:宋体;font - size:14px;letter - spacing:2px;
            line - height:1.5;color:#333333;text - indent:28px;margin:10px 0;}
        .abstract{font - family:宋体;font - size:14px;line - height:1.5;
            text - align:left;color:#9BA6B3;}
        .emphasize{font - weight:bold;}
        .container{width:650px;margin:0 auto;text - align:left;
            background - color:#EFEFDA;padding:20px;}
    </style>
</head>
< body >
    < div class = "container">
        <! -- 在此内部添加内容 -->
    </div>
</body>
</html>
```

1）定义文章标题样式

这里依然采用黑体,不同于实验 2,本文正文文字较多,因此不适宜采用较大的字号,采用 2 倍于正文字号即可。

```
H1{font - family:黑体;font - size:28px;color:#333333;letter - spacing:5px;
        text - align:center;}
```

2）定义作者部分的样式

作者部分不是文章的主题内容,因此采用较浅的颜色表示,形成和正文的一个反差,因此采用了以下样式。

```
.author{font - family:宋体;font - size:14px;color:#9BA6B3;text - align:center;}
```

3）定义内容简介的样式

内容简介的设计和作者部分的设计考虑是一样的,唯一的区别是其内容需要左对齐。

```
.abstract{font-family:宋体;font-size:14px;line-height:1.5;
        text-align:left;color:#9BA6B3;}
```

4）定义正文的样式

除了字体、字号和字符间距外,重要的设计是行高、段落间距和段首缩进。下面的样式是为每个段落定义的样式。

```
.textBody{font-family:宋体;font-size:14px;letter-spacing:2px;
        line-height:1.5;color:#333333;text-indent:28px;margin:10px 0;}
```

这里 text-indent 的值设计为 28px,刚好是正文文字大小的 2 倍。另外,除了行间距设计为 1.5 倍之外,通过"margin:10px 0"额外为每个段落的上下方增加 10px 的空白来保持文章的阅读节奏。

步骤 3:添加正文,在每个部分引入对应的样式

程序 3-2 的最终代码如下。

```
<!DOCTYPE html>
<html>
<head>
<style type="text/css">
    H1{font-family:黑体;font-size:28px;color:#333333;
        letter-spacing:5px;text-align:center;}
    .author{font-family:宋体;font-size:14px;color:#9BA6B3;
        text-align:center;}
    .textBody{font-family:宋体;font-size:14px;letter-spacing:2px;
        line-height:1.5;color:#333333;text-indent:28px;margin:10px 0;}
    .abstract{font-family:宋体;font-size:14px;line-height:1.5;
        text-align:left;color:#9BA6B3;}
    .emphasize{font-weight:bold;}
    .container{width:650px;margin:0 auto;text-align:left;
        background-color:#EFEFDA;padding:20px;}
</style>
</head>
<body>
<div class="container">
```

```
<p><Il1>圣诞节</H1></p>
<p class = "author">摘自《假如给我三天光明》海伦 &middot 凯勒</p>
<p class = "abstract">
    <span class = "emphasize">【内容简介】</span>
    《假如给我三天光明》是海伦 &middot 凯勒的散文代表作,她以一个身残志坚的柔
    弱女子的视角,告诫身体健全的人们应珍惜生命,珍惜造物主赐予的一切。此外,
    本书中收录的《我的人生故事》是海伦·凯勒的一本自传性作品,被誉为"世界文学
    史上无与伦比的杰作"。
</p>
<p class = "textBody">
    莎莉文小姐来到塔斯甘比亚后的第一个圣诞节成为我的空前盛事。家里的每个
    人都在为我准备一些意想不到的礼物,而更令人兴奋的是我和莎莉文小姐也在为
    其他人准备意外的礼物。
</p>
<p class = "textBody">
    我高兴得不得了,猜想着人们到底给我什么礼物。家人们也想尽办法逗引我,故
    意给我一星半点儿暗示,或者一句半句不连续的话语,让我猜测。我和莎莉文小
    姐就玩着这猜谜游戏,我从中学会了许多词的用法,比上课学到的还要多得多。
</p>
<p class = "textBody">
    每天晚上,我们整夜都围坐在暖烘烘的火炉前玩着猜谜游戏。圣诞节一天天临
    近,我们也越来越兴奋。
</p>
<p class = "textBody">
    …
</p>
<p class = "textBody">
    一天早上,我把鸟笼放在窗台上,然后去打水给它洗澡。回来一开门,感觉到一只
    大猫从我的脚底下钻了出去。起初我并没在意,可是当我把一只手伸进笼子,没
    有摸到小蒂姆的翅膀,也没有触到它尖尖的小嘴时,我心里便明白了,我再也见不
    到我那可爱的小歌手了。
</p>
</div>
</body>
</html>
```

程序中对每一个段落都独立使用了<p>标记,这主要是为了使每一个段落都能够按照指定的段落样式进行排版。

步骤 4：查看效果

图 3-4 是页面的最终运行效果。

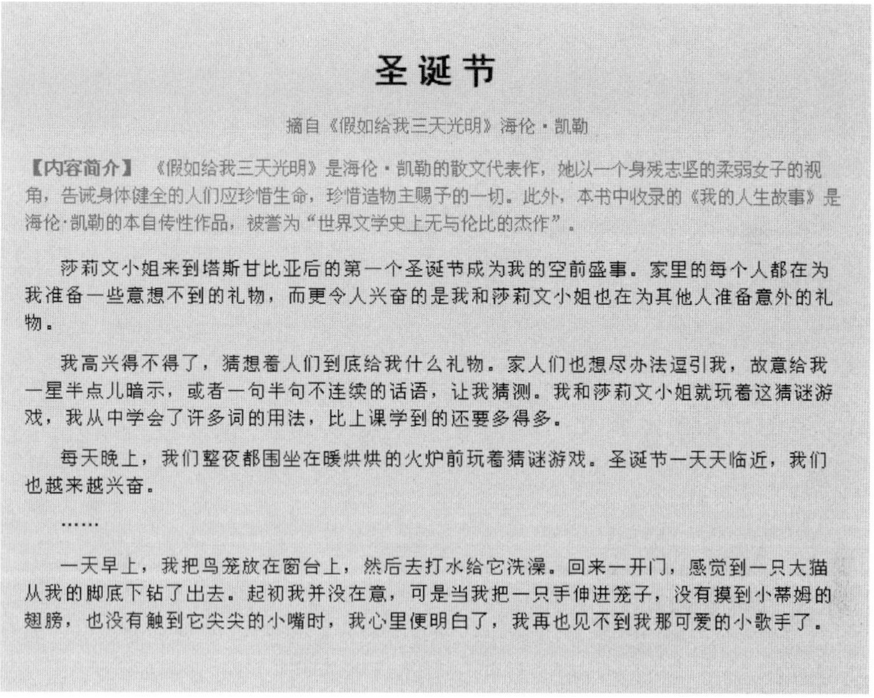

圣 诞 节

摘自《假如给我三天光明》海伦·凯勒

【内容简介】 《假如给我三天光明》是海伦·凯勒的散文代表作，她以一个身残志坚的柔弱女子的视角，告诫身体健全的人们应珍惜生命，珍惜造物主赐予的一切。此外，本书中收录的《我的人生故事》是海伦·凯勒的本自传性作品，被誉为"世界文学史上无与伦比的杰作"。

莎莉文小姐来到塔斯甘比亚后的第一个圣诞节成为我的空前盛事。家里的每个人都在为我准备一些意想不到的礼物，而更令人兴奋的是我和莎莉文小姐也在为其他人准备意外的礼物。

我高兴得不得了，猜想着人们到底给我什么礼物。家人们也想尽办法逗引我，故意给我一星半点儿暗示，或者一句半句不连续的话语，让我猜测。我和莎莉文小姐就玩着这猜谜游戏，我从中学会了许多词的用法，比上课学到的还要多得多。

每天晚上，我们整夜都围坐在暖烘烘的火炉前玩着猜谜游戏。圣诞节一天天临近，我们也越来越兴奋。

……

一天早上，我把鸟笼放在窗台上，然后去打水给它洗澡。回来一开门，感觉到一只大猫从我的脚底下钻了出去。起初我并没在意，可是当我把一只手伸进笼子，没有摸到小蒂姆的翅膀，也没有触到它尖尖的小嘴时，我心里便明白了，我再也见不到我那可爱的小歌手了。

图 3-4　文章页面的最终运行效果

3.2　理论解答题

1. 选择题

（1）在 HTML 中，下面是段落标记的是（　　）。

    A．＜html＞与＜/html＞　　　　　　　　B．＜head＞与＜/head＞

    C．＜body＞与＜/body＞　　　　　　　　D．＜p＞与＜/p＞

（2）HTML 中，＜body vlink＝？＞表示（　　）。

    A．设置背景颜色　　　　　　　　　　B．设置文本颜色

    C．设置链接颜色　　　　　　　　　　D．设置已使用的链接的颜色

（3）正确描述创建一个一级标题居中的句法是（　　）。

    A．＜h0 align＝center＞ heading text ＜/h0＞

    B．＜h1 align＝center＞ heading text ＜/h1＞

    C．＜h align＝center＞ heading text ＜/h＞

    D．＜ht align＝center＞ heading text ＜/ht＞

(4) 下列选项中,(　　)是换行符标记。

A. ＜body＞

B. ＜font＞

C. ＜br＞

D. ＜p＞

(5) 在 HTML 中,标记＜font＞的 Size 属性最大取值可以是(　　)。

A. 5

B. 6

C. 7

D. 8

(6) 在 HTML 中,标记＜pre＞的作用是(　　)。

A. 标题标记

B. 预排版标记

C. 转行标记

D. 文字效果标记

(7) 在色彩的 RGB 系统中,6 位十六进制数 000000 表示的颜色是(　　)。

A. 白色

B. 红色

C. 黄色

D. 黑色

(8) 要在文本的首行空两个汉字,就要插入(　　)个空格。

A. 1

B. 2

C. 3

D. 4

(9) 在文本的属性中,不能设置(　　)。

A. 背景色

B. 超链接在目标窗口打开的方式

C. 文本的无序列表和有序列表

D. 段落缩进

(10) 在网页的源代码中表示加粗文字显示的标记是(　　)。

A. ＜b＞＜/b＞

B. ＜p＞＜/p＞

C. ＜body＞＜/body＞

D. ＜table＞＜/table＞

(11) 缩进排列对应的源代码中的标记是(　　)。

A. ＜block＞＜/block＞

B. ＜blockquote＞＜/blockquote＞

C. ＜quote＞＜/quote＞

D. ＜qutoeblock＞＜/quoteblock＞

(12) 在水平线属性面板中,不能设置水平线的是(　　)。

A. 宽度

B. 高度

C. 颜色

D. 阴影

(13) 当网页既设置了背景图像又设置了背景色,那么(　　)。

A. 以背景图像为主

B. 以背景色为主

C. 产生一种混合效果

D. 冲突,不能同时设置

(14) 在 HTML 源代码中,图像用(　　)标记来定义。

A. picture

B. img

C. pic

D. image

（15）要想在 HTML 中显示一个尖括号<，需要用到的字符实体是（　　）。

  A. >   B. <   C.   D. "

（16）在 HTML 文件中，水平线在默认的情况下是（　　），并随着窗口的宽度自动调整。

  A. 800pixel   B. 1024pixel   C. 80％   D. 100％

2. 填空题

（1）要设置一条 1 像素粗的水平线，应使用的 HTML 语句是_____。

（2）在 HTML 文件中，版权符号的代码是_____。

（3）使页面的文字居中的方法有_____。

（4）标题字的标记是_____。

（5）_____是在 HTML 代码中插入的描述性文本，用来解释该代码或提供其他信息。

（6）在 HTML 文件中使用_____元素来定义文字字体，使用_____属性定义使用何种字体，使用_____属性定义字体大小，使用_____属性改变文字颜色。

（7）在 HTML 文件中分别使用_____元素和_____元素来呈现下标和上标。

3.3　学生实验

1. 参照本章实验建立一个如图 3-5 所示的 HTML 文档。

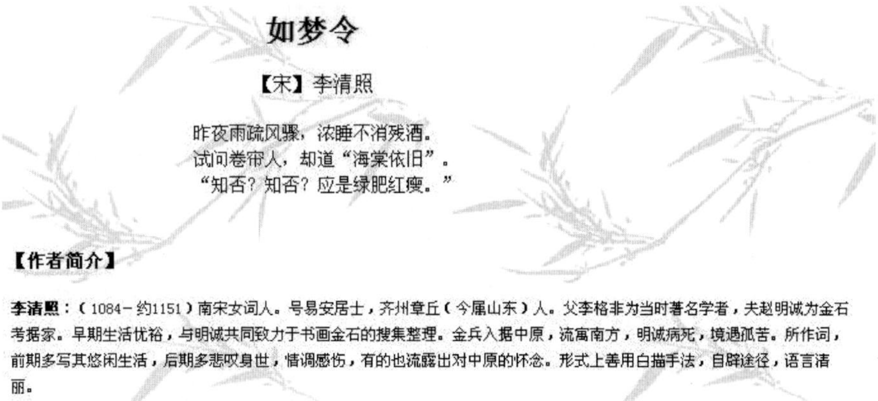

图 3-5　诗词排版效果

2. 为自己设计一张名片，名片上应当包含姓名、通信地址、一两种联系方式等基本信息。设计好后，可以和你的同学互相交流，谈谈你的设计构思。

列　表

在网页设计的页面表现形式中,列表形式在网站设计中占有比较大的比重,由于其显示信息非常整齐直观,便于用户理解,因此列表经常被用于展示新闻、制作导航等。

本次实验将学习:

(1) 列表的结构组成。

(2) 无序列表与有序列表。

(3) 菜单列表与目录列表。

(4) 列表在导航中的不同应用。

实验目标:

(1) 掌握列表标记及其常用样式属性。

(2) 应用无序列表完成水平导航和垂直导航。

(3) 使用列表制作产品展示效果。

4.1　讲述与示范

ul 和 ol 是网页设计中使用得很广泛的一种元素,主要用来描述列表型内容。每一个< ul ></ul >或者< ol ></ol >表示其中的内容为一个列表块,块中的每一条列表数据用< li ></li >来描述。

实验 1: 网页欣赏

列表可以用来编排一些文字信息,从而以更结构化和条理化的形式展现信息的条目。使用无序列表来呈现信息,该信息之间无顺序关系。使用有序列表可以实现条目资料之间的顺序关系。列表还可以嵌套使用,从而表现信息条目的层次。如图 4-1 所示是一个简单的嵌套列表。

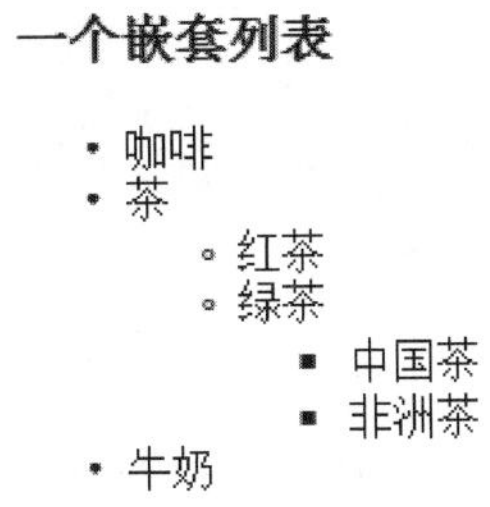

一个嵌套列表

- 咖啡
- 茶
  - 红茶
  - 绿茶
    - 中国茶
    - 非洲茶
- 牛奶

图 4-1　列表的基本效果

通过与 CSS 样式表的结合,列表元素的用途变得更加广泛。门户网站上常见的新闻列表版块及各种导航条等都采用列表元素进行实现。如图 4-2 和图 4-3 所示为基于无序列表实现的横向导航、垂直导航条的效果展示。

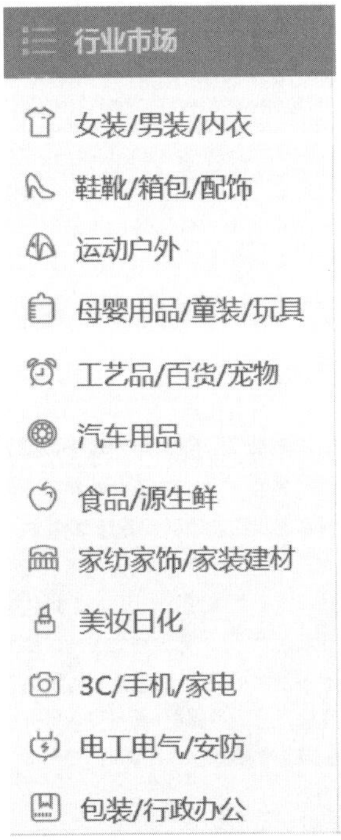

图 4-2　用列表制作的垂直导航

图 4-3　用列表制作的水平导航

另外,列表还常用于图文混排的编排,比如常见的电子相册的展示以及图书介绍的展示。图 4-4 是一个典型的图文效果的展示信息。

图 4-4　用列表实现的图文展示

实验 2：新闻列表的实现

实验要求：

图 4-5 是一个用列表显示的新闻显示版块，要求利用列表方法，适当运用字体、字号间距等的修饰完成新闻列表的定义。

暴雪：商业 艺术与技术的平衡之道
- 点选名将 抢礼包《千军破》首服开启
- 战国新游《王者天下》开启 抢礼包
- 快来玩《德州扑克》 与人斗其乐无穷
- 《十年一剑》真武侠一区开启 抢礼包
- 可买卖游戏代码 传魔兽大灾变过审批
- 儿时游戏50年变迁 00后迷动画爱网游
- 监狱强迫犯人打网游 徐州禁少年进网吧
- iPad成为最赚钱的移动游戏平台

图 4-5　新闻列表

实验分析：

分析上面的效果，可以看出第一行的内容和下面的内容在表现形式上有所不同，主要区别在第一行是作为重点要强调的内容，而下面的则是不同的列表，列表的样式比较简单，采用了圆点样式，这个可以采用无序列表来实现。

实验步骤：

从分析中可以看出，完成上面的设计，需要把内容分成两个不同的部分分别进行定义。

步骤 1：创建文件 4-1. html，定义页面结构，完成内容的基本布局

页面依然通过引入一个能够生成一个矩形框的标记＜DIV＞，将内容全部放在此方框内，下面是页面的基本结构。

```
<!DOCTYPE html >
< html >
< head >
    < style type = "text/css">
        .container{width:350px;margin:0 auto;text-align:left;
            background-color:♯EFEFDA;padding: 20px;}
    </style >
</head >
< body >
    < div class = "container">
        <!-- 在此内部添加内容-->
    </div >
</body >
</html >
```

步骤 2：引入页面内容

```
<!DOCTYPE html >
< html >
< head >
< style type = "text/css">
    .container{width:350px;margin:0 auto;text-align:left;
        background-color:♯EFEFDA;padding: 20px;}
    </style >
</head >
< body >
    < div class = "container">
    <p>暴雪：商业 艺术与技术的平衡之道</p>
    < ul type = "disc">
    <li>点选名将 抢礼包《千军破》首服开启</li>
    <li>战国新游《王者天下》开启 抢礼包</li>
    <li>快来玩《德州扑克》与人斗其乐无穷</li>
    <li>《十年一剑》真武侠一区开启 抢礼包</li>
    <li>可买卖游戏代码 传魔兽大灾变过审批</li>
    <li>儿时游戏 50 年变迁 00 后迷动画爱网游</li>
    <li>监狱强迫犯人打网游 徐州禁少年进网吧</li>
    <li> iPad 成为最赚钱的移动游戏平台</li>
```

```
    </ul>
    </div>
</body>
</html>
```

分析代码可以看出，第一行的内容页面将之作为一个段落，下面的内容作为一个无序列表来实现。其中，无序列表的标记 ul 的属性"type＝"disc""表示列表项前面的项目符号是一个实心圆点，这也是 IE 浏览器的默认显示样式。在实际开发中，有关列表的样式通常会采用独立的样式定义来完成，这在下面的步骤中将会体现出来。

步骤 3：定义段落和列表的样式

从效果图上可以看出，第一行的内容可以采用黑体，列表项可以采用普通的宋体表示，它们的字号可以采用相同大小，例如 22px。

1）定义第一行适用的样式

```
.first_line{font－family:黑体;font－size:22px;padding－left:20px;}
```

这里定义了一个特殊的样式：字体为黑体，字号为 22 像素，"padding-left:20px;"则表示内容前增加一定的空白距离，这主要是调整第一行的文字内容和下方的列表左对齐而设置的一个特殊空白。

2）定义列表样式

```
ul{list－style－type: disc; font－size:22px;line－height:33px; }
```

这里为页面中的无序列表标记＜ul＞定义了统一适用的样式。

（1）list-style-type:disc，表示列表前的项目符号采用默认的圆点；

（2）line-height:33px，表示列表的每一行的行高为 33px，相对于字体的 1.5 倍。

3）在页面中添加并应用上述的样式定义

```
<!DOCTYPE html>
<html>
<head>
<style type = "text/css">
    .container{width: 350px;margin:0 auto;text－align:left;
            background－color:♯EFEFDA;padding: 20px;}
    .first_line{font－family:黑体;font－size:22px;padding－left:20px;}
    ul{list－style－type: disc;font－size:22px;line－height:33px;}
</style>
```

```
</head>
< body >
    < div class = "container">
     < p class = "first_line">暴雪：商业 艺术与技术的平衡之道</p>
      < ul >
      <li>点选名将 抢礼包《千军破》首服开启</li>
      <li>战国新游《王者天下》开启 抢礼包</li>
      <li>快来玩《德州扑克》与人斗其乐无穷</li>
      <li>《十年一剑》真武侠一区开启 抢礼包</li>
      <li>可买卖游戏代码 传魔兽大灾变过审批</li>
      <li>儿时游戏 50 年变迁 00 后迷动画爱网游</li>
      <li>监狱强迫犯人打网游 徐州禁少年进网吧</li>
      < li > iPad 成为最赚钱的移动游戏平台        </li>
      </ul >
    </div >
</body >
</html >
```

步骤 4：查看页面效果

图 4-6 是最终的页面显示效果。

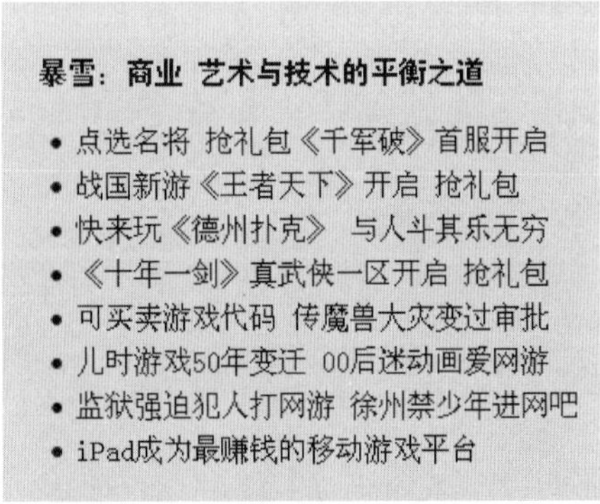

图 4-6   新闻列表的实际效果

实验 3：利用无序列表制作页面导航

实验要求：

用无序列表实现水平导航，底背景色为蓝色，当鼠标指向超链接时，显示红色底色的突出效果，如图 4-7 所示。

实验分析：

早期进行页面导航开发时，常常采用表格的形式将每一个导航水平或垂直放在连续的单元格中,但是这种形式在结构上不够清晰,对于后期的维护造成了不利影响。商业网站开发经常使用列表元素与 CSS 样式属性结合来构建灵活多样的导航栏。首先针对图 4-7 显示的水平导航效果进行分析,这是一个可以采用无序列表实现的导航。

| 首页 | 产品世界 | 绿色服务 | 绿色家园 | 资讯中心 | 关于新飞 |

图 4-7　页面水平导航

步骤 1:创建文件 4-2. html,定义页面结构,完成内容的基本布局

```
<!DOCTYPE html >
< html >
< head >
< style type = "text/css">
    <! -- 在此内部添加样式 -->
</style >
</head >
< body >
< div class = "container">
    <! -- 在此内部添加内容 -->
</div >
</body >
</html >
```

步骤 2:建立内容项的无序列表显示

下面的代码在步骤 1 的基础上,在 DIV 块内加入了列表定义。

```
< div class = "container">
< ul >
< li >< a href = "">首页</a></li >
< li >< a href = "">产品世界</a></li >
< li >< a href = "">绿色服务</a></li >
< li >< a href = "">绿色家园</a></li >
< li >< a href = "">资讯中心</a></li >
< li >< a href = "">关于新飞</a></li >
</ul >
</div >
```

此时的效果如图 4-8 所示。

此时已经能够看出导航的原型了,但是还相对简陋,需要进行美化。美化可以从几个方面进行,如清除无序列表前的默认圆点、将各列表项之间的间隔加大、添加底背景色等。

- 首页
- 产品世界
- 绿色服务
- 绿色家园
- 资讯中心
- 关于新飞

图 4-8　未修饰的垂直导航

步骤 3：进行 CSS 样式定义

（1）设置导航栏的字体类型、字体大小、字体加粗、背景色等内容，该部分内容可以针对 div 容器进行设定。

（2）清除列表项前的圆点，可以通过设置< ul >的"list-style-type：none"即可；另外，将< ul >的外边距和内边距设置为 0 可以去除浏览器的默认设定，如 ul{margin：0；padding：0；}。

（3）调整< li >列表项的宽度，可以采用设置 li{width：120px；}。

（4）为了使得整个链接区域可以单击，而不仅仅是导航文字，可以设定链接显示为块元素，设置导航文本居中、颜色、去除超链接默认下画线等。例如对超链接设置 a{display：block；color：♯ FFFFFF；text-align：center；padding：4px；text-decoration：none；}。

（5）为了实现当光标放置在导航栏上时对应的导航项背景变化，可以对 a：hover 进行格式设定。a：hover 表示光标停留在链接上，但尚未单击时呈现的样式。在本例中被设定为 a：hover{background-color：♯cc0000；}，代表光标停留时显示为红色背景。

具体样式定义如下所示。

```
<!DOCTYPE html >
< html >
< head >
< style type = "text/css">
.container{font - family:宋体; font - size:18px;font - weight:bold; background - color:
♯0000ff;width:720px;width: 120px; }
ul{list - style - type:none;margin:0;padding:0;overflow:hidden;}
li{width:120px;}
a{display:block;color:♯FFFFFF;text - align:center;padding:4px;text - decoration:none;}
a:hover{background - color:♯cc0000;}
</style>
</head >
< body >
< div class = "container">
< ul >
< li >< a href = "">首页</a></li>
```

```
<li><a href = "">产品世界</a></li>
<li><a href = "">绿色服务</a></li>
<li><a href = "">绿色家园</a></li>
<li><a href = "">资讯中心</a></li>
<li><a href = "">关于新飞</a></li>
</ul>
</div>
</body>
</html>
```

运行上述代码,形成初步的垂直导航的效果,如图 4-9 所示。

图 4-9   垂直导航条

可以进一步在此基础上将垂直导航条改造为水平导航条。可以使用行内或浮动列表项两种方法。行内方法是采用 li{display:inline;}的设置方法,该方法默认去除了每个列表项前后的换行,使得它们在一行中显示。在本例中,采用浮动列表项的方法。更改以上样式内容,在 li 中添加"float:left;"属性,使其列表内容全部向左浮动显示,这样就实现了列表的横向显示,这是无序列表水平导航效果实现的关键,同时,由于每个列表项为 120px 的宽度,共有 6 个列表项,因此可以调整容器 div 的 width 宽度值为720px,使其可以横向容纳所有导航项。具体涉及代码调整如下。

```
.container{font - family:宋体; font - size:18px;font - weight:bold; background - color:
#0000ff;width:720px;}
li{float:left;width:120px;}
```

代码 4-2.html 的具体效果如图 4-10 所示。

首页   产品世界   绿色服务   绿色家园   资讯中心   关于新飞

图 4-10   水平导航实现效果

实验 4：电子相册的实现

实验要求：

如图 4-11 所示是网页设计中常见的一种图片浏览模式，可以使用列表完成这个设计。

图 4-11 风景照片电子相册页面

实验分析：

这个效果要求用一个 3 行 4 列的排列方式来展示图片。在实验 3 中已经实验了通过对<li>添加"float：left"的样式定义实现了将一个垂直排列的导航改为水平导航。这种排列方式按照自左至右、自上而下的方式自动排列，因此，如果需要实现 3 行 4 列的排列方式，只需要控制好总的显示区域宽度和每个图片宽度的比例关系即可。

实验步骤：

步骤 1：创建文件 4-3. html，定义页面结构，完成内容的基本布局

```
<!DOCTYPE html>
<html>
<head>
<style type = "text/css">
```

```
        .container{width:400px;margin:0 auto;text-align:center;
                background-color:#FFFFFF;padding:20px;}
</style>
</head>
<body>
    <div class="container">
        <! -- 在此内部添加内容 -->
    </div>
</body>
</html>
```

由于提供的图片素材准备用 68px 的宽度显示,考虑到图片中的空白等因素,因此为矩形区域 DIV 定义的宽度设计为 400px。

步骤 2:利用无序列表标记添加所需显示的图片

下面的代码通过利用< ul >标记将每一幅图片作为< li >列表项的内容。

```
<div class="container">
    <ul>
        <li><img src="images/1.jpg" width="68" height="54" />海底</li>
        <li><img src="images/2.jpg" width="68" height="54" />花园</li>
        <li><img src="images/3.jpg" width="68" height="54" />雪域</li>
        <! -- 省略了部分图片 -->
        <li><img src="images/10.jpg" width="68" height="54" />海港</li>
        <li><img src="images/11.jpg" width="68" height="54" />原野</li>
        <li><img src="images/12.jpg" width="68" height="54" />大道</li>
    </ul>
</div>
```

这里默认的图片列表显示为每个列表项一行,前面带有圆点项目符号。下一步的工作就是添加必要的样式修饰来达到设计目的。

步骤 3:对无序列表定义样式

CSS 的格式化及美化主要在以下几方面进行。

(1) 去掉列表项的圆点项目符号,并实现自左至右排列;

(2) 确保图片与图片之间留有适当的边距,实现 3 行 4 列的显示效果。

下面是完整的页面代码,添加相应的样式定义,并在对应的元素上添加了样式引用。

```
<!DOCTYPE html>
<html>
<head>
<style type = "text/css">
        .container{width:400px;margin:0px auto;text-align:center;}
        #album{list-style:none;font-size:12px;line-height:1.5;}
        #album li{float:left;width:68px;margin:10px;}
</style>
</head>
<body>
    <div class = "container">
        <ul id = "album">
        <li><img src = "images/1.jpg" width = "68" height = "54" />海底</li>
        <li><img src = "images/2.jpg" width = "68" height = "54" />花园</li>
        <li><img src = "images/3.jpg" width = "68" height = "54" />雪域</li>
        <!-- 省略了部分图片 -->
        <li><img src = "images/10.jpg" width = "68" height = "54" />海港</li>
        <li><img src = "images/11.jpg" width = "68" height = "54" />原野</li>
        <li><img src = "images/12.jpg" width = "68" height = "54" />大道</li>
        </ul>
    </div>
</body>
</html>
```

在样式定义中,主要注意以下几个地方。

```
#album{list-style:none;font-size:12px;line-height:1.5;}
```

这个名为 album 的样式,供页面中 id 为 album 的<ul>标记自动引用。样式利用"list-style:none;"取消了列表项之前的圆点标记。

```
#album li{float:left;width:68px;margin:10px;}
```

(1) 这个样式针对<ul>标记的每一个列表项,"float:left;"规定列表项在可显示区域内按照自左至右、自上而下的方式进行排列;

(2) "width:68px"表示每个列表项的宽度为 68px;

(3) "margin:10px"表示每个列表项的上右下左四边均留有 10px 的空白。

最终实现的效果如图 4-11 所示。

实验 5：在网页中实现图文混排

实验要求：

在网页中使用图文混排，实现如图 4-12 所示的网页效果。

图 4-12　图书推荐效果

实验分析：

在网站中，图文混排的应用非常多，常见的有图片在左文字在右或者图片在右文字在左、文字环绕在图片的周围或者上边、右边、下边，单个图片与单行文字的排版、单个图片与多行文字的排版、多个图片之间实现排版。

实现简单的图文混排主要是针对<img>标记的对齐属性进行设置，复杂的还需要表格<table>和层<div>的配合。

实验步骤：

步骤 1：图片素材选取

实现图文混排，必须审慎选择所使用的图片，每个图像都应该提前进行优化(压缩)，以防止图片太大造成下载时间长。

图片的大小要求刚好满足，不要太大，缩小图像尺寸，裁掉与图像无关的内容。尽量不用 width 和 height 属性改变页面上图像的尺寸，用 width 和 height 缩小图片，浏览器仍然必须下载原始的大图片。用 width 和 height 增大图片，会严重降低图像的质量。如需要更改，应在图像编辑器中调整，不要在浏览器中调整。

步骤 2：创建文件 4-4. html，定义页面结构，完成内容的基本布局

下面的代码是根据图 4-12 设计的一个基本页面结构。

```
<!DOCTYPE html>
<html>
<head>
    <title>图文混排</title>
    <style type = "text/css">
      body{padding:0px;margin:0px;font - size:12px;}
```

```
        ul{list - style:none;padding:0px;margin:0px;}
        li{padding:0px;margin:0px;}
        .pdBox{width:250px;margin:20px auto;background - color:＃EFEFDA;
            border:1px solid ＃A1A1A1;overflow:hidden;}
    </style>
</head>
<body>
    <div class = "pdBox">
        <ul>
            <li><img src = "images/6 - 4 - 1.jpg" alt = "Java编程思想(第4版)"></li>
            <li>
            <p>Java编程思想(第4版)</p>
            <ul>
                <li>作者: (美)埃克尔 著,陈…</li>
                <li>出版社: 机械工业出版社</li>
                <li>出版时间: 2007 年 06 月</li>
                <li>定价: ￥108.00</li>
                <li>当当价: ￥81.00</li>
            </ul>
            </li>
        </ul>
    </div>
</body>
</html>
```

根据图 4-12 的效果,可以将图分成左右两个部分。首先,页面用一个<DIV>包含一个嵌套的<UL>元素的方法实现基本的布局,而具体图书信息使用了列表元素。

另外,在使用<img>标记时应当同时使用 alt 属性。因为当连接失效,或当浏览器禁止显示图片时,会将 ALT 属性定义的文本内容显示在图片位置。另外,光标划过图像显示 ALT 文本,在搜索引擎时 ALT 文本被编入索引,提升网站的检索排行。

步骤 3:添加样式

1) 实现图片和书籍信息的左右排列

默认的无序列表是垂直排列的,而如图 4-12 所示是一个左右排列的效果,因此,首先要做的是实现图片和书籍信息的左右排列。

```
.pdBox .pdPic{float:left;margin:5px; width:60px;text - align:center;}
.pdBox .pdInfo{float:right;margin:5px 0;}
```

(1)".pdPic"用于定义包含图片的<li>元素样式,通过"float:left;"属性的定义实现左边排列。

（2）".pdInfo"用于定义包含书籍信息的<li>元素样式，如果不用"float：right；"则效果就成了右环绕图片的效果。

2）其他修饰

```
.pdPic img{margin:0 auto;}
```

上述语句定义一幅图片上下边界为 0，左右居中。

```
.pdInfo .bookTitle{margin:0px;padding:0 0 5px 0;font - size:14px;
font - weight:bold;color:♯1A66B3;}
```

".bookTitle"这条语句是针对图 4-12 中所示的书名而定义的一条样式。

```
.pdInfo ul{text - align:left;line - height:20px;}
```

上述语句定义了用来显示图书信息的列表样式，包括对齐方式和行高的定义。

下面就是完整地实现了图文混排的页面代码。

```
<!DOCTYPE html >
< html >
< head >
< title >图文混排</title>
< style type = "text/css">
    body{font - size:12px;padding:0px;margin:0px;}
    ul{list - style:none;padding:0px;margin:0px;}
    li{padding:0px;margin:0px;}
    .pdBox{width:250px;margin:20px auto;background - color:♯EFEFDA;
            border:1px solid ♯A1A1A1;overflow:hidden;}
    .pdBox .pdPic{float:left;margin:5px; width:60px;text - align:center;}
    .pdPic img{margin:0 auto;}
    .pdBox .pdInfo{float:right;margin:5px 0;}
    .pdInfo .bookTitle{margin:0px;padding:0 0 5px 0;font - size:14px;
            font - weight:bold;color:♯1A66B3;}
    .pdInfo ul{text - align:left;line - height:20px;}
</style>
</head>
< body >
< div class = "pdBox">
  < ul >
    < li class = "pdPic">
            < img src = "images/6 - 4 - 1.jpg" alt = "Java 编程思想(第 4 版)">
        </li>
```

```
        < li class = "pdInfo">
            < p class = "bookTitle">Java 编程思想(第 4 版)</p>
            < ul >
                < li>作者: (美)埃克尔 著,陈…</li>
                < li>出版社: 机械工业出版社</li>
                < li>出版时间: 2007 年 06 月</li>
                < li>定价: ￥108.00 </li>
                < li>当当价: ￥81.00 </li>
            </ul >
        </li >
    </ul >
</div >
</body >
</html >
```

4.2　理论解答题

1. 选择题

(1) 无序列表的 HTML 代码是(　　　)。

    A. < li >< ui >…</li>　　　　　　B. < ul >< li >…</ul>

    C. < ol >< li >…< ol >　　　　　　D. < li >< ol >…</li>

(2) 有序列表的 HTML 代码是(　　　)。

    A. < ul >< li >…</ul>　　　　　　B. < li >< ul >…</li>

    C. < ol >< li >…</ol>　　　　　　D. < li >< ol >…< li >

(3) 定义列表的 HTML 代码是(　　　)。

    A. < dt >< dl >…< dd >…</dl>

    B. < dd >< dt >…< dl >…</dd>

    C. < dt >< dd >…< dl >…</dt>

    D. < dl >< dt >…< dd >…</dl>

(4) 下列说法错误的是(　　　)。

    A. disk 是定制表中 type 的标记

    B. left 是定制表中 type 的标记

    C. circle 是定制表中 type 的标记

    D. square 是定制表中 type 的标记

（5）定制表中 typc 标记中的 circle 表示（　　　）。

    A. 圆点　　　　　　　B. 圆环　　　　　　　C. 字母　　　　　　　D. 方块

（6）定制表中 type 标记中的 square 表示（　　　）。

    A. 圆点　　　　　　　B. 圆环　　　　　　　C. 字母　　　　　　　D. 方块

（7）定制有序列表中的序号的起始值的表示法为（　　　）。

    A. <ol begint=♯>　　　　　　　　　　B. <ol star=♯>

    C. <ol still=♯>　　　　　　　　　　D. <ol start=♯>

（8）以下有关列表的说法中，错误的是（　　　）。

    A. 有序列表和无序列表可以互相嵌套

    B. 指定嵌套列表时，也可以具体指定项目符号或编号样式

    C. 无序列表应使用 ul 和 li 标记符进行创建

    D. 在创建列表时，li 标记符的结束标记符不可省略

（9）在 HTML 网页中，用来定义有序列表的元素包括（　　　）。

    A. ol　　　　　　　　B. ul　　　　　　　　C. li　　　　　　　　D. dl

2. 填空题

（1）列表一般可以分为＿＿＿＿＿、＿＿＿＿＿、＿＿＿＿＿、目录列表和菜单列表 5 种类型。

（2）无序列表中可用的项目符号包括＿＿＿＿＿、＿＿＿＿＿和＿＿＿＿＿。

（3）HTML 代码<ol></ol>表示创建一个＿＿＿＿＿列表。

（4）用于取消列表项前默认项目符号的样式定义是＿＿＿＿＿。

（5）使得列表项从默认的垂直排列到水平排列的样式定义是＿＿＿＿＿。

（6）指定有序列表中列表项前的序号以大写英文字母编号的 type 属性值应当是＿＿＿＿＿。

4.3　学　生　实　验

1. 在实验 2 中利用对 <ul> 标记定义"list-style-type：disc；"属性设置了列表项前的符号样式，请尝试改变属性的值依次为 circle、square 等，查看它的效果。

2. 除了"list-style-type：disc；"之外，还可以利用"ist-style-image：url（图像文件名）；"的方式指定列表项之前使用特定的图片显示，例如：

```
ul{list-style-image:url(images/a.gif);}
```

请修改实验 1 的代码,在列表项前用一个特定的图标作为项目符号。

3. 参照实验 3,请完成如图 4-4 所示的导航条(排除上方的内容)。

4. 根据图 4-13 提供的素材,利用嵌套列表或者定义列表的方法完成页面编码。

视 频	PPTV	风行电影	奇艺网	六间房秀场	新浪视频	搜狐高清影视	土豆网
小 说		起点女生	有声小说网	红袖言情	纵横中文	言情小说吧	
游 戏	4399小游戏	征途2	17173	2125小游戏	6543小游戏	JJ斗地主	幻想三国
音 乐		谷歌音乐	一听音乐网	酷我音乐	A8音乐网	百度MP3	
酷 玩		7k7k小游戏	赛尔号	3366小游戏	八仙封神传	战将	英雄远征
体 育		新浪体育	搜狐体育	网易体育	鲨威体坛	NBA中文网	雅虎体育

图 4-13　嵌套列表或定义列表

5. 参考实验 5 过程,根据提供的素材 hw1.doc,设计一个如图 4-14 所示的图文混排页面。

　　20 世纪,一个独特的生命个体以其勇敢的方式震撼了世界,她——海伦·凯勒,一个生活在黑暗中却又给人类带来光明的女性,一共度过了生命的 88 个春秋,却熬过了 87 年无光、无声、无语的孤独岁月。

　　然而,正是这么一个幽闭在盲聋世界里的人,竟然毕业于哈佛大学拉德克利夫学院;并用生命的全部力量四处奔走,建起了一家家慈善机构,为残疾人造福,被美国《时代周刊》评选为 20 世纪美国十大英雄偶像。

　　创造这一奇迹,全靠一颗不屈不挠的心。海伦接受了生命的挑战,用爱心去拥抱世界,以惊人的毅力 面对困境,终于在黑暗中找到了人生的光明面,最后又把慈爱的双手伸向全世界。海伦·凯勒(Helen Keller)(1880 年 6 月 27 日-1968 年 6 月 1 日),是美国 20 世纪著名的盲聋女作家和演讲者,她凭借坚强的意志考入哈佛大学的拉德克利夫学 院,成为世界上第一个完成大学教育的盲聋人,曾入选美国《时代周刊》评选的"美国十大英雄偶像"之一,被授予"总统自由奖章"。

　　《假如给我三天光明》是海伦·凯勒的散文代表作,她以一个身残志坚的柔弱女子的视角,告诫身体健全的人们应珍惜生命,珍惜造物主赐予的一切。此外,本书中收录的《我的人生故事》,被誉为"世界文学史上无与伦比的杰作"。

图 4-14　文字环绕

超 链 接

超文本链接语言(网页)的精髓就是链接,通过链接才可以把世界各地的网页连到一起,成为互联网。超链接是网站中使用比较频繁的 HTML 元素,因为网站的各种页面都是由超链接串接而成,超链接完成了页面之间的跳转。超链接可以是一个字、一个词或者一组词,也可以是一幅图像,可以通过单击这些内容跳转到新的文档或者当前文档中的某个部分。

本次实验将学习:

(1) 超链接的类别和应用特点。

(2) 普通超链接(文本、图片)的创建方法和相关设置。

(3) 锚点链接的创建方法和相关设置。

(4) 链接对象(电子邮箱、FTP 等)。

实验目标:

(1) 掌握常见新闻列表的链接方法。

(2) 掌握书签链接制作帮助文档的方法。

5.1 讲述与示范

<a>标记表示一种链接,通过这个标记的定义,可以从一个文档跳转到另外一个文档。其基本的语法如下,其中,href 属性确定链接的目标文档,标记中的文字将会代表该链接显示在页面中。

```
<a href = "链接的目标地址">表示该链接的文字</a>
```

下面的实例就是一个指向新浪网的链接标记。

```
<a href = "https://www.sina.com.cn">新浪网</a>
```

在所有浏览器中,链接的默认外观如下。

（1）未被访问的链接带有下画线而且是蓝色的；

（2）已被访问的链接带有下画线而且是紫色的；

（3）活动链接带有下画线而且是红色的。

在实际的页面设计中涉及链接设计的工作主要有两个：确定链接的地址和修改不同链接的显示样式。

实验 1：网页欣赏

图 5-1 是美文网的主页界面，美文网的主要内容是展示分类的文章，超链接的作用主要是跳转到指定的内容页面，显示出完整的文字内容。当把光标移到一些网站的名字上时，光标的形状将会变成一个小手，文字也会自动变色并加上下画线，单击上面的名称，就会跳转到指定的内容页面，这就是超链接的作用。

图 5-1　美文网主页界面

超链接的功能和作用，就是跳转到指定的资源文件。这些资源文件可以是网页文件，也可以是声音、视频、图片等资源文件。图 5-2 是某培训网站的在线视频学习界面，应用了图片和视频的链接。链接指向的是一个视频等包含多媒体文件的页面，单击它们可以直接在线播放和浏览。如果当前连接指向的视频或其他资源文件是单独文件，而非嵌入页面，则会将该文件下载下来。

图 5-2　某培训网站的在线视频学习界面

实验 2：新闻列表的制作

实验要求：

如图 5-3 所示，基于实验 4-2 的页面代码，将其中的每行文字加上超链接，根据提供的素材，当鼠标单击文字"点选名将 抢礼包《千军破》首服开启"时，在新的窗口显示所链接的文档内容(文件资源见 game0601001. html)。

暴雪：商业 艺术与技术的平衡之道

- 点选名将 抢礼包《千军破》首服开启
- 战国新游《王者天下》开启 抢礼包
- 快来玩《德州扑克》 与人斗其乐无穷
- 《十年一剑》真武侠一区开启 抢礼包
- 可买卖游戏代码 传魔兽大灾变过审批
- 儿时游戏50年变迁 00后迷动画爱网游
- 监狱强迫犯人打网游 徐州禁少年进网吧
- iPad成为最赚钱的移动游戏平台

图 5-3　实验 4-2 新闻列表

实验分析：

这是网站上常见的新闻列表，链接的形式是文字链接，链接打开的目标是一篇新闻页面。在页面代码 4-1. html 的基础上，只需要对每一个列表项内容加上< a >标记。

实验步骤：

步骤 1：复制文件 4-1. html 的代码到文件 5-1. html，打开文件，为列表项添加链接

```
< p class = "first_line"><a href = "♯">暴雪：商业艺术与技术的平衡之道</a></p>
< ul >
    < li >< a href = "game0601001. html" target = "_blank">
                点选名将 抢礼包《千军破》首服开启</a></li>
    < li >< a href = "♯">战国新游《王者天下》开启 抢礼包</a></li>
    < li >< a href = "♯">快来玩《德州扑克》与人斗其乐无穷</a></li>
    < li >< a href = "♯">《十年一剑》真武侠一区开启 抢礼包</a></li>
    < li >< a href = "♯">可买卖游戏代码 传魔兽大灾变过审批</a></li>
    < li >< a href = "♯">儿时游戏 50 年变迁 00 后迷动画爱网游</a></li>
    < li >< a href = "♯">监狱强迫犯人打网游 徐州禁少年进网吧</a></li>
    < li >< a href = "♯">iPad 成为最赚钱的移动游戏平台</a></li>
</ul >
```

加上了<a>标记，指定了 href 属性之后，页面运行效果如图 5-4 所示。另外，target 属性用于指定打开链接的目标窗口，target 的值常用的有两个：_blank 为在新窗口打开目标链接，_self 为在自身窗口打开目标链接，也是系统默认的值。

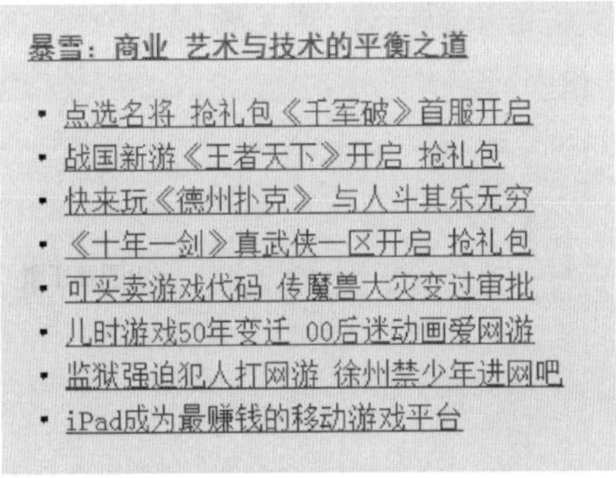

图 5-4　未加样式的文字链接效果

从运行效果可以看出，每个链接下都显示一条下画线，默认的文字链接颜色是蓝色。有时候，考虑到页面设计的整体效果，通常会将链接的默认显示效果加以修改。

步骤 2：修改链接的默认显示样式

一般而言，类似新闻列表这种链接形式，通常都不会将下画线显示出来，这可以通过设置链接的 text-decoration 属性为 none 达到目标，如下。

```
a:link{ text - decoration:none;}
```

下面在页面代码的 style 部分，添加了针对<a>标记的样式定义。

```
<style type="text/css">
    .container{width:350px;margin:0 auto;text-align:left;
                    background-color:#EFEFDA;padding:20px;}
    .first_line{font-family:黑体;font-size:16px;padding-left:20px;}
    ul{list-style-type:disc;font-size:16px;line-height:24px;}
    a:link{color:#333333; text-decoration:none;}
    a:visited{color:#333333; text-decoration:none;}
    a:hover{color:#ff0000; text-decoration:underline;}
    a:active{color:#ff0000; text-decoration:underline;}
</style>
```

默认的链接样式在单击前的样式是：蓝色 14px 下画线，访问后为紫色，上述样式代码定义了链接的 4 种状态发生时的显示样式。

(1) a:link 未访问的链接样式，取消了链接的默认下画线显示；

(2) a:visited 表示已访问的链接样式，也就是对超链接访问后的样式；

(3) a:hover 表示光标停留在链接上，但尚未单击时的样式；

(4) a:active 表示光标单击激活链接的样式。

一般情况下，完成一个超链接的样式，这 4 种状态的样式都需要重设，本例中链接样式和访问过的样式设置相同，设置了文字的颜色为深灰色，无下画线。光标划过状态和单击状态样式设置相同，设置了文字的颜色为红色，加下画线。

实验 3：利用书签链接制作帮助文档

实验要求：

根据提供的素材 faq.doc，利用书签链接制作一个效果如图 5-5 所示的常见问题回答页面。

实验分析：

这是网页设计中常见的一种问题回答的 FAQ 页面类型，通常问题和问题的回答会在一个页面内利用书签链接的形式关联起来。

从实现上看，效果图中包括问题列表和问题回答两大内容。问题列表可以采用简单的无序列表实现，而回答部分由于有问题和回答两个内容，可以采用定义列表<dl>来实现。

从样式效果来看，在问题列表部分，"常见问题回答"应当是一种独立的标题形式，字号应当比"使用入门"这种问题分类标题大一些，而问题定义作为列表项可以比分类标题更小一些，在回答内容部分，问题名称和回答需要分别定义，并且回答部分应当具

常见问题解答

使用入门

- 什么是 Google Maps API？
- Google Maps API 覆盖哪些国家/地区？
- 我能否在不使用 Google Maps API 的情况下将 Google Maps 放在我的网站中？
- 怎样在移动设备上提供地图应用程序？
- Google Maps Javascript API 支持哪些网络浏览器？
- Google Maps API（Flash 版）支持哪些工具和 Flash 播放器？
- 我的网站访问量很大，我可否使用 Google Maps API？
- 怎样在我的网站上开始使用 Google Maps API？
- 我怎样才可以及时了解有关 Google Maps API 的变更？

使用 Google Maps API

- Google Maps API 密钥系统是怎样工作的？
- 在托管于多个域中时，我应如何配置自己的地图应用程序，才能选择和使用有效的 API 密钥？
- 怎样找到各版 Google Maps API 中引入的更改？
- 当我指定 v=2、v=2.x 或 v=2.s 时，当前会使用哪个版本的 Google Maps API？
- 怎样在 google.maps.* 命名空间内载入 API？
- 怎样在载入网页后将 API 以异步方式载入到网页中？
- 怎样以非英语语言显示 Google Maps API？
- 怎样使 Google Maps API 输出不同的字符编码？
- 可否通过 SSL (HTTPS) 访问 Google Maps API？
- 托管在 SSL (HTTPS) 网站上的 Flash 应用程序是否可以使用 Google Maps API（Flash 版）？
- 为什么在 Flash API 中使用 BitmapData.draw/三维效果时会出现安全沙盒错误？
- 怎样报告 Google Maps API 中的错误或请求新功能？
- 我还有一个问题，应与谁联系？

什么是 Google Maps API？

Google Maps API 为开发人员提供了多种将 Google Maps 嵌入网页中的方法，并允许简单使用或广泛的自定义。目前提供以下几种 API：Google Maps Javascript API、Google Maps API（Flash 版）、静态 Google Maps API。另外，我们还提供了 Google Mapplet API，可用于创建在 Google Maps 上运行的迷你应用程序。您可以根据需要选择单独使用某种 API，也可以组合使用多种 API。

如果您经营的是企业网站或商业网站，则可能还会对 Google Maps API Premier 感兴趣。

Google Maps API 覆盖哪些国家/地区？

Google Maps 团队正在不断导入新的地图数据，逐渐扩大全球覆盖范围。以下电子表格显示了最新的覆盖范围详细信息。您可以使用顶部的下拉列表在该电子表格中进行过滤（例如，在"driving directions"列的下拉列表中选择"Yes"，查看执含行车路线的所有国家/地区）。请注意，如果与数据提供商的许可协议发生

图 5-5　FAQ 文档

有缩进的效果来保持页面结构的可读性。

定义书签链接需要注意以下两个步骤。

（1）首先是定义书签，可以利用某个元素的 id 定义，如"<p id="书签名">内容</p>"，也可以采用"<a name="书签名">链接标题<a/>"方式定义。

（2）其次，是利用"<a href="#书签名">链接标题</a>"来定义链接。

实验步骤：

步骤 1：创建页面 5-2.html，完成内容的基本布局

```
<!DOCTYPE html>
<html>
<head>
    <style type = "text/css">
        .container{width:650px;margin:0 auto;text-align:center;
            background-color:#EFEFDA;padding: 20px;}
```

```
    </style>
</head>
<body>
    <div class = "container">
        <! -- 在此内部添加内容 -->
    </div>
</body>
</html>
```

步骤 2：添加问题列表

由于问题列表和回答都在一个页面内,因此可以使用下面的格式定义书签链接。

```
<a href = "#whatis">什么是 Google Maps API?</a>
```

下面是部分样例代码,注意每个 href 指向的都是当前页面内的一个书签,用 #
开头。

```
<div class = "container">
    <p id = "top"><h1>常见问题解答</h1></p>
    <ul>
        <p><h2>使用入门</h2></p>
        <li><a href = "#whatis">什么是 Google Maps API?</a></li>
        <li><a href = "#whatcountries">Google Maps API 覆盖哪些国家/地区?</a></li>
        <! -- 此处省略了其他问题列表 -->
        <p><h2>使用 Google Maps API </h2></p>
        <li><a href = "#">Google Maps API 密钥系统是怎样工作的? </a></li>
        <! -- 此处省略了其他问题列表 -->
        <li><a href = "#loadasync">怎样在载入网页后将 API 以异步方式载入到网页中?
            </a></li>
    </ul>
</div>
```

步骤 3：添加问题的答案

对问题回答部分可以采用<dl>标记,这是一种简单而又有效的方法。例如,下面
的代码实现了利用<dl>标记完成问题答案的设计。

```
<dl>
    <dt id = "whatis">什么是 Google Maps API?</dt>
        <dd>
            <p>
```

```
                         Google Maps API 为开发人员提供了多种将 Google Maps 嵌入网页中的方法,
                      并允许简单使用或广泛的自定义.
                      < br >
                         如果您经营的是企业网站或商业网站,则可能还会对 Google Maps API
                      Premier 感兴趣. < a href = " ♯ top">返回问题列表</a>
             </p>
         </dd>
      < dt id = "whatcountries"> Google Maps API 覆盖哪些国家/地区?</dt >
         < dd >
            < p >
                      Google Maps 团队正不断导入新的地图数据,逐渐扩大全球覆盖范围.以下电
                      子表格显示了最新的覆盖范围详细信息.
                      < br >请查看地图覆盖范围详情电子表格.
                      < br >另请参见支持的语言电子表格. < a href = " ♯ top">返回问题列表</a>
            </p>
         </dd>
</dl>
```

在页面代码中,利用下面的代码定义了问题标题。

```
< dt id = "whatis">什么是 Google Maps API?</dt >
```

这里的 id 对应于步骤 2 代码中 < a >标记中的 href 属性值。这里没有使用
"< a name＝"书签名">链接内容</>"是因为采用 id 对应链接在编码上更简洁和直接。

另外,在每个问题的最后,均添加了一个返回顶部的链接"< a href＝" ♯ top">返回
问题列表</a>",用来在页面滚动时,能够随时回到问题列表部分。

步骤 4:添加对应的样式

根据上面的页面代码分析,样式设计时可以考虑列表部分和回答部分,具体如下。

```
< style type = "text/css">
    .container{width:650px;margin:0 auto;padding: 20px;font - size: small;}
    h1 {font - size: 160 % ;}
    h2 {font - size: 140 % ;}
    p { line - height: 125 % ;}
    ul {line - height: 125 % ;}
    dt { font - weight: bold; margin: 5px; padding: 0;}
</style>
```

其中,h1 对应于页面标题,规定在默认字号上扩大 1.6 倍,样式 h2 则对应于问题
分类标题,样式 p 规定所有的段落中行高为 1.25 倍,样式 ul 规定所有的列表项的行高

为 1.25 倍，样式 dt 则规定了问题答案的标题采用粗体。页面运行的效果如图 5-6 所示。

常见问题解答

使用入门

- 什么是 Google Maps API？
- Google Maps API 覆盖哪些国家/地区？
- 我能否在不使用 Google Maps API 的情况下将 Google Maps 放在我的网站中？
- 怎样在移动设备上提供地图应用程序？
- Google Maps Javascript API 支持哪些网络浏览器？
- Google Maps API（Flash 版）支持哪些工具和 Flash 播放器？
- 我的网站访问量很大，我可否使用 Google Maps API？
- 怎样在我的网站上开始使用 Google Maps API？
- 我怎样才可以及时了解有关 Google Maps API 的变更？

使用 Google Maps API

- Google Maps API 密钥系统是怎样工作的？
- 在托管于多个域中时，我应如何配置自己的地图应用程序，才能选择和使用有效的 API 密钥？
- 怎样找到各版 Google Maps API 中引入的更改？
- 当我指定 v=2、v=2.x 或 v=2.s 时，当前会使用哪个版本的 Google Maps API？
- 怎样在 google.maps.* 命名空间内载入 API？
- 怎样在载入网页后将 API 以异步方式载入到网页中？
- 怎样以非英语语言显示 Google Maps API？
- 怎样使 Google Maps API 输出不同的字符编码？
- 可否通过 SSL（HTTPS）访问 Google Maps API？
- 托管在 SSL（HTTPS）网站上的 Flash 应用程序是否可以使用 Google Maps API（Flash 版）？
- 为什么在 Flash API 中使用 BitmapData.draw/三维效果时会出现安全沙盒错误？
- 怎样报告 Google Maps API 中的错误或请求新功能？
- 我还有一个问题，应与谁联系？

什么是 Google Maps API？

Google Maps API 为开发人员提供了多种将 Google Maps 嵌入网页中的方法，并允许简单使用或广泛的自定义。目前提供以下几种 API：Google Maps Javascript API、Google Maps API（Flash 版）、静态 Google Maps API。另外，我们还提供了 Google Mapplet API，可用于创建在 Google Maps 上运行的迷你应用程序。您可以根据需要选择单独使用某种 API，也可以组合使用多种 API。

如果您经营的是企业网站或商业网站，则可能还会对 Google Maps API Premier 感兴趣。返回问题列表

Google Maps API 覆盖哪些国家/地区？

Google Maps 团队正不断导入新的地图数据，逐渐扩大全球覆盖范围。以下电子表格显示了最新的覆盖范围详细信息。您可以使用顶部的下拉列表在该电子表格中进行过滤（例如，在 "driving directions" 列的下拉列表中选择 "Yes"，查看包含行车路线的所有国家/地区）。请注意，如果与数据提供商的许可协

图 5-6　书签链接

实验 4：电子相册的制作

实验要求：

为图片加上超链接，单击每一幅图片时，在当前图片上方显示该图片的大图，不跳转至新页面，如图 5-7 所示。

图 5-7　电子相册的制作

实验分析：

这是关于图片展示的网页，为图片添加超链接和锚点，可以将<img>标记置于<a>标记之间，形成一个图片形式的链接，并且指定该链接的 href 属性值为定义的锚点。

实验步骤：

步骤 1：定义整体页面结构，并复制图片资源到本章目录下

在主体内容里，定义一个<ul>无序列表，放置三个<li>列表项，其中每一个列表项中指定了图片资源，并针对不同的图片资源设置了不同的锚点<a name="">，而在<ul>标签下定义一个段落<p>，放置三幅带有超链接的图片，分别链接到定义好的锚点。部分代码如下。

```
<! DOCTYPE html >
< html >
< head >
< title >电子相册</title>
< style type = "text/css" >
</style >
</head >
< body >
< div class = "container" >
< ul >
    < li >< a name = "p1" >< img src = "images/pics1. jpg" alt = "pics1" /></a></li>
    < li >< a name = "p2" >< img src = "images/pics2. jpg" alt = "pics2" /></a></li>
```

```
    < li >< a name = "p3" >< img src = "images/pics3.jpg" alt = "pics3" /></a></li>
</ul>
< p >
    < a href = " ♯ p1" >< img src = "images/p1.jpg" alt = "p1" /></a>
    < a href = " ♯ p2" >< img src = "images/p2.jpg" alt = "p2" /></a>
    < a href = " ♯ p3" >< img src = "images/p3.jpg" alt = "p3" /></a>
</p>
</ul>
</body>
</html>
```

　　上述代码运行的效果见图 5-8。从效果图可以看出，每一幅有链接的图片外围均被一个蓝色的边框所包围，呈现出链接的默认状态。

图 5-8　未加样式的图片链接效果

步骤 2：为图片链接添加样式定义

通常,在页面中会将图片的默认链接状态呈现的蓝色边框取消,这可以通过对 img 添加自定义属性,从而覆盖默认属性达到效果。对 img 设定左右内边距,使得图片外围可以通过底背景的设置达到边框的效果。具体设置如下。

```
ul li img {
padding:40px 0 0 20px;
}
```

清除列表项前的默认圆点,通过设置 <ul> 的 list-style-type:none 即可。具体的样式如下面的页面代码所示。

为实现通过单击下方的图片链接,上方切换出对应的大图片的效果,这里使用了一个小技巧。定义 <ul> 中 overflow：hidden；这个属性设置表示当前 <ul> 标记内如果有元素溢出,则不显示。然后定义 ul 的大小为宽 480px、高 360px,同时定义 ul 下的 li 标记也为宽 480px、高 360px,目的是使得每一个 ul 下只能容下一个 li 标记列表项。因此,放置三个列表项,则溢出不显示,默认只显示第一个。具体样式定义如下面的页面代码所示。

```
.container{width:500px;margin:auto;}
ul {
    width:480px;
    height:360px;
    background:#333;
    list-style-type:none;
    overflow:hidden; /*溢出隐藏*/
}
ul li {
    width:480px;
    height:360px;
}
ul li img {
    padding:40px 0 0 20px;
}
p {
    text-align:center;
    padding-top:10px;
    }
```

这样当单击缩略图时,对应的超链接指向定义好的锚点,就可以显示单击过的图片,如图 5-7 所示。

5.2 理论解答题

1. 选择题

(1) 将超链接的目标网页在上一级窗口中打开的方式是(　　)。

    A. parent   B. _blank   C. _top   D. _self

(2) 超链接元素 a 有很多属性,其中用来指明超链接所指向的 URL 的属性的是(　　)。

    A. href   B. herf   C. target   D. link

(3) (　　)元素用来在网页中插入一个图片。

    A. font   B. img   C. table   D. p

(4) 下列路径中属于绝对路径的是(　　)。

    A. address. htm

    B. staff/telephone. htm

    C. https://www. sohu. com/index. htm

    D. /Xuesheng/chengji/mingci. htm

(5) 用于同一个网页内容之间相互跳转的超链接是(　　)。

    A. 图像链接   B. 空链接   C. 电子邮件链接   D. 锚点链接

(6) 当光标停留在超链接上时会出现(　　)标记定义的文字。

    A. table   B. href   C. title   D. word

(7) 整个框架集包含 3 个框架,在其中一个框架中的网页中设置超链接,超链接的目标选项有(　　)个。

    A. 4   B. 5   C. 6   D. 7

(8) 关于超链接元素 a 的说法错误的是(　　)。

    A. 用 name 属性创建一个命名锚点,可以让链接直接跳转到下一个页面的某一章节,而不用用户打开那一页,再从上到下慢慢找

    B. 要想访问本页的锚点,可在 URL 地址的后面加一个"♯"和这个锚点的名字

    C. href 属性用来指定连接到的 URL

    D. href 属性不能用来指定到一个邮箱地址

(9) 在 HTML 中,(　　)是相对地址。

    A. https://www. sina. com/index. htm

B. main/index. htm

C. file://192.168.0.100/index. htm

D. https://www.sina.com/logo.gif

(10) 在 HTML 文件中,不属于超链接元素 a 的属性的是(　　)。

A. name　　　　B. href　　　　C. font　　　　D. target

(11) HTML 使用超链接元素 a 来创建一个连接到其他文件的链接,链接的资源(　　)。

A. 只能是 HTML 页面和图像　　　B. 不可以是声音

C. 不可以是图片　　　D. 可以是网络上的任何资源

(12) 在下列的 HTML 中,(　　)可以产生超链接。

A. < a url="https://www.pqshow.com"> pqshow.com </a>

B. < a href="https://www.pqshow.com"> pqshow </a>

C. < a > https://www.pqshow.com </a>

D. < a name="https://www.pqshow.com"> pqshow.com </a>

(13) 下列表示可链接文字的颜色是黑色的是(　　)。

A. < body link=black >　　　B. < body text=black >

C. < body vlink=black >　　　D. < body alink=black >

(14) 下列表示已经单击(访问)过的可链接文字的颜色是黑色的是(　　)。

A. < body alink="♯000000">　　　B. < body link="♯000000">

C. < body vlink="♯000000">　　　D. < body blink="♯000000">

(15) 下列表示正被单击的可链接文字的颜色是白色的是(　　)。

A. < body link="♯ffffff">　　　B. < body vlink="♯ffffff">

C. < body alink="♯ffffff">　　　D. < body blink="♯ffffff">

(16) 链接(Link)的基本语法是(　　)。

A. < a goto="URL"> … </a>　　　B. < a herf="URL"> … </a>

C. < a link="URL"> … </a>　　　D. < a href="URL"> … </a>

(17) 下列表示跳转到页面的 bn 锚点的代码是(　　)。

A. < a link="♯bn"> … </a>　　　B. < a href="bn"> … </a>

C. < a href="♯bn"> … </a>　　　D. < a herf="bn"> … </a>

(18) < a href="♯bn"> … </a>表示(　　)。

A. 跳转到 bn 页面　　　B. 跳转到页面的 bn 锚点

C. 超链接的属性是 bn　　　D. 超链接的对象是 bn

（19）跳转到 hello.html 页面的 bn 锚点的代码是（　　）。

　　A.＜a href＝"hello.html&bn"＞…＜/a＞

　　B.＜a href＝"bnl#hellohtml"＞…＜/a＞

　　C.＜a href＝"hello.html#bn"＞…＜/a＞

　　D.＜a href＝"#bn"＞…＜/a＞

（20）＜a href＝"hello.html#top"＞…＜/a＞表示（　　）。

　　A. 跳转到 hello.html 页面的顶部

　　B. 跳转到 hello.html 页面的 top 锚点

　　C. 跳转到 hello.html 页面的底部

　　D. 跳转到 hello.html 页面的文字 top 所在链接

（21）下列表示新开一个窗口的超链接代码是（　　）。

　　A.＜a href＝URL target＝_new＞…＜/a＞

　　B.＜a href＝URL target＝_self＞…＜/a＞

　　C.＜a href＝URL target＝_blank＞…＜/a＞

　　D.＜a href＝URL target＝_parent＞…＜/a＞

（22）＜a href＝URL target＝_parent＞…＜/a＞表示（　　）。

　　A. 打开一个空窗口的超链接代码

　　B. 在父窗口打开超链接的代码

　　C. 新开一个窗口的超链接代码

　　D. 在本窗口中打开一个超链接的代码

（23）＜a href＝URL target＝_self＞…＜/a＞表示（　　）。

　　A. 打开一个空窗口的超链接代码　　　　B. 新开一个窗口的超链接代码

　　C. 在父窗口打开超链接的代码　　　　　D. 在本窗口打开超链接的代码

2. 填空题

（1）在默认情况下，浏览器内已选择的超链接文本显示为_____，已访问的超链接显示为_____。

（2）HTML 中的＜a＞标记中定义窗口弹出方式的属性为_____，弹出方式分别为_____。

（3）在页面 A.html 中使用"＜a name＝"chapter_1"＞第一章＜/a＞"设置了锚点，要从页面 B.html 跳转到页面 A 设置的锚点处，其 HTML 的用法是_____。

（4）设置链接目标的打开方式时，_____表示在一个空的框架中打开目标网页。

（5）_____是网页与网页之间联系的纽带，也是网页的重要特色。

3. 简答题

（1）绝对路径、相对路径和基准地址的区别与联系是什么？

(2) 怎样在单击链接时打开新窗口？

(3) 在相对链接中,有时会看到"·"和"··"两个符号,它们的含义是什么？

(4) 什么是超链接? 锚点链接和普通的超链接有什么相同和不同的地方？

(5) 链接网页的"目标"位置有几种？

5.3 学 生 实 验

1. 根据下面提供的素材,找到每一个链接对应的网址,仿照实验 4 相册的例子,利用无序列表完成页面编码,如图 5-9 所示。

百度 - 贴吧	新浪 - 微博	搜狐 - 体育	淘宝特卖	腾讯 - 空间
谷歌搜索	凤凰网	新华网	人民网	中央电视台
人人网	淘宝网	优酷网	7k7k小游戏	NBA中文网

图 5-9 文字链接

2. 根据下面提供的素材,利用嵌套列表或者定义列表的方法完成页面编码,如图 5-10 所示。

视频	PPTV	风行电影	奇艺网	六间房秀场	新浪视频	搜狐高清影视	土豆网
小说		起点女生	有声小说网	红袖言情	纵横中文	言情小说吧	
游戏	4399小游戏	征途2	17173	2125小游戏	6543小游戏	JJ斗地主	幻想三国
音乐		谷歌音乐	一听音乐网	酷我音乐	A8音乐网	百度MP3	
酷玩	7k7k小游戏	赛尔号	3366小游戏	八仙封神传	战将	英雄远征	
体育		新浪体育	搜狐体育	网易体育	鲨威体坛	NBA中文网	雅虎体育

图 5-10 嵌套列表或定义列表

3. 根据提供的素材(见文件 hw5-3.doc),制作一个图片链接,如图 5-11 所示,单击每个图片,在新窗口中显示对应的内容。

图 5-11 图片链接

表　格

作为数据的一种组织方式,表格在网站中应用非常广泛。使用表格可以方便灵活地对网页进行排版,还可以把相互关联的信息元素层次清晰地集中定位,使浏览页面的人一目了然。

本次实验将学习:

(1) 表格的创建。

(2) 表格属性的设置。

(3) 跨多行跨多列的单元格。

(4) 嵌套表格。

(5) 利用表格进行网页布局的方法。

实验目标:

(1) 掌握表格的创建、结构调整与美化方法。

(2) 熟悉表格与单元格的主要属性及其设置方法。

(3) 掌握通过表格来进行网页页面的布局方法。

6.1　讲述与示范

表格是一种展示信息的手段,在最初的网页设计中,表格经常作为布局的主要手段和方式使用,具有简单、直接的优势。虽然后期出现的 DIV+CSS 布局方法可以设计更灵活的页面布局,但常规的表格布局也是不可多得的技术手段。设计合理的数据表格不仅可以给浏览者提供良好的视觉效果和友好的访问方式,并可以快速找到期待的数据,通过技术支持还可以实现构建过滤、筛选等功能的表格。

实验 1: 网页欣赏

图 6-1 是一个典型的表格布局的页面。首先整体页面是表格布局控制,导航条是

在表格的第一行,第二行是导航栏和数据显示。其中,在右侧数据显示中该单元格内嵌套了一个表格用来显示数据。该表格的设置,使得数据一目了然,操作起来也很便捷,并能够准确定位到所期待的数据行。

图 6-1　表格效果

　　图 6-2 是一个个人博客网站,其主页采用 table 进行整体页面的布局设计,将 Logo、导航及内容进行了明确的布局划分。采用表格布局的优点在于结构控制简单,容易实现,缺点是调整布局困难,不方便更改。

图 6-2　用表格布局的个人博客主页

实验 2：成绩登记表的制作

实验要求：

图 6-3 是一个基本的成绩登记表,数据包括序号、学号、姓名、平时成绩、期末成绩、学期总成绩。可以结合图 6-1 的部分设计效果重新设计下面的表格。

成绩登记表

序号	学号	姓名	平时成绩	期末成绩	学期总成绩
1	2010300201	张小丽	95	95	95
2	2010300202	李宁	90	88	89
3	2010300203	刘梅	98	92	95
4	2010300204	王刚	98	90	94
5	2010300205	郑军	90	85	87
6	2010300206	杨波	80	80	80

图 6-3　成绩登记表

实验分析：

图 6-3 的表格是一个 6 列 N 行的表格,从内容上看,分为表格标题、表头和数据三个部分。在设计上,首先需要将表头和表体区别开来,数据行可以采取奇偶行分开的原则,除此之外,一般而言,在视觉效果上还需要着重考虑表格的行高以及内容的对齐方式等问题,这个可以借鉴文字与段落部分的设计。

实验步骤：

步骤 1：创建程序 6-1. html,设计基本的成绩表格页面

下面的代码是不包含任何样式的表格页面的代码,其效果如图 6-4 所示。

```
<!DOCTYPE html>
<html>
<head>
<title>成绩登记表</title>
<style type = "text/css">
</style>
</head>
<body>
<table id = "score">
  <caption>
    成绩登记表
  </caption>
  <tr>
    <th>序号</th>
    <th>学号</th>
    <th>姓名</th>
    <th>平时成绩</th>
```

```
        <th>期末成绩</th>
        <th>学期总成绩</th>
    </tr>
    <tr>
        <td>1</td>
        <td>2010300201</td>
        <td>张小丽</td>
        <td>95</td>
        <td>95</td>
        <td>95</td>
    </tr>
    <!-->省略了其他行-->
</table>
</body>
</html>
```

图 6-4 是未加任何修饰的原始表格。可以看出,它和我们想要的表格还差很远。在下面的步骤中将会一步步地美化这个表格。

成绩登记表

序号	学号	姓名	平时成绩	期末成绩	学期总成绩
1	2010300201	张小丽	95	95	95
2	2010300202	李宁	90	88	89
3	2010300203	刘梅	98	92	95
4	2010300204	王刚	98	90	94
5	2010300205	郑军	90	85	87
6	2010300206	杨波	80	80	80

图 6-4　未加任何修饰的原始表格

步骤 2：为表格添加样式表

1) 为表格添加表格线

```
#score{width:600px;border: 1px solid #000000;border-collapse: collapse;}
#score th,td {border: 1px solid #000000; }
```

(1)"#score"表示对应于页面中 id 属性值为 score 的页面元素,也就是 table 元素。"#score th,td"表示适用于 id 属性值为 score 的页面元素的内部标记为 th 和 td 的元素;

(2)"border：1px solid #000000;"表示边界线用颜色为 #000000、宽度为 1px 的 solid 线型来绘制表格边框和单元格的边框;

(3)"border-collapse：collapse;"表示表格的相邻边被合并,如果采用默认值是

separate，那么每个单元格都会有自己独立的边框。

2）修饰表格标题

```
# score caption{font - size:28px;font - weight:bold;letter - spacing:12px;
            line - height:2.5;}
```

这里定义表格标题的字号为 28px 并且加粗显示，字符间距为 12px，且行高为 2.5 倍。

3）修饰表格的表头

```
# score th {background - color: # 4682B4;font - size:20px;font - weight:bold;
            line - height:2;}
```

主要设置表头的背景色为 # 4682B4，用于和下面的表体中的数据行相互区别。

4）修饰表格数据行

```
# score td {font - size:18px;line - height:2;text - align:center;}
```

这里规定了表体中的单元格通用的样式，包括字号、行高和居中对齐。

5）定义每一列的宽度

```
# score . seq {width: 50px;}
# score . studentId {width: 120px;}
# score . studentName {width: 80px;}
# score . hwScore {width: 100px;}
# score . termScore {width: 100px;}
# score . finalScore {width: 120px;}
```

除了上述的数据单元格的通用风格外，这里为每一列都定义了单独的宽度，如果需要每某一列添加其他的样式，可以在这里单独定义。

6）为表格的数据行添加斑马纹

```
.odd td {background - color: # FFF;}
.even td {background - color: # CCCCCC;}
```

这两个样式主要为< tr >标记使用，odd 用于奇数行，even 用于偶数行。

下面是应用了样式后的程序 6-1.html 的主要代码。

```
< html >
< head >
```

```
<title>成绩登记表</title>
<style type = "text/css">
    #score{width:600px;border: 1px solid #000000;
           border - collapse: collapse;}
    #score th,td {border: 1px solid #000000;}
    #score caption {font - size:28px;font - weight:bold;letter - spacing:12px;
           line - height:2.5;}
    #score th {background - color: #4682B4;font - size:20px;font - weight:bold;
           line - height:2;}
    #score td {font - size:18px;line - height:2;text - align:center;}
    #score .seq {  width: 50px;}
    #score .studentId {  width: 120px;}
    #score .studentName {  width: 80px;}
    #score .hwScore {  width: 100px;}
    #score .termScore {  width: 100px;}
    #score .finalScore {  width: 120px;}
    .odd td {  background - color: #FFF;}
    .even td {background - color: #CCCCCC;}
}
 </style>
</head>
<body>
<table id = "score">
  <caption>
      成绩登记表
  </caption>
  <tr>
    <th class = "seq">序号</th>
    <th class = "studentId">学号</th>
    <th class = "studentName">姓名</th>
    <th class = "hwScore">平时成绩</th>
    <th class"termScore">期末成绩</th>
    <th class = "finalScore">学期总成绩</th>
  </tr>
  <tr class = "odd">
    <td>1</td>
    <td>2010300201</td>
    <td>张小丽</td>
    <td>95</td>
    <td>95</td>
    <td>95</td>
  </tr>
  <tr class = "even">
```

```
        <td>2</td>
        <td>2010300202</td>
        <td>李宁</td>
        <td>90</td>
        <td>88</td>
        <td>89</td>
    </tr>
    <!--省略了其他行-->
</table>
</body>
</html>
```

图 6-5 是程序 6-1.html 运行后的效果图。通过效果可以看出,在对一个表格进行基本的设计时,应当特别注意到标题、表头和内容几个部分的整体上的协调,这可以通过调整不同部分的字体、字号和字符间距以及表格宽度等达到目标。另外在视觉效果上,应当注意表头和标题的区别,对于行数较多的表格,适当地应用间隔色或者利用 JavaScript 实现的一些其他特效,如当前行背景变色,对于访问者的正确阅读都是很有帮助的一种设计。

成 绩 登 记 表

序号	学号	姓名	平时成绩	期末成绩	学期总成绩
1	2010300201	张小丽	95	95	95
2	2010300202	李宁	90	88	89
3	2010300203	刘梅	98	92	95
4	2010300204	王刚	98	90	94
5	2010300205	郑军	90	85	87
6	2010300206	杨波	80	80	80

图 6-5 成绩表格页面效果图

实验 3：旅游路线页面的制作

实验要求：

图 6-6 是一个描述旅游景点路线推荐的页面,请使用表格布局的方式完成页面的设计。

实验分析：

这是一个规则的可以利用表格完成页面布局的案例。此页面可以看作是三行三列的表格,第一行和第三行进行列合并。也可以看作是三行一列的表格,在第二行单元格

图 6-6 旅游路线介绍页面

嵌套一个一行三列的表格。这两种布局方式都可以实现上述布局的要求。

在本实验程序中,采用第一种布局方式。该页面整体布局为一个表格< table >标记,划分三行三列。其中,在第一行和第三行进行三列合并,而第二行的第一列和第三列分别嵌套一个表格,进行具体路线信息的展示。

实验步骤:

步骤 1:创建页面 6-2.html,构建基本的页面结构

根据上面的页面结构分析,采用三行三列的表格,第一行和第三行进行列合并,第二行中第一列和第三列嵌套表格,形成下面的页面代码(部分)。

```
<! DOCTYPE html >
< html >
< head >
< title >旅游一览</title>
< style type = "text/css">
</style>
</head>
< h1 >旅游路线推荐</h1>
< table id = "tb_out" align = "center">
```

```
< tr >
  < td colspan = "3" >< img id = "top" /></td >
</tr >
< tr >
  < td width = "211" height = "183" >
  < table class = "tb_in" > </table >
  </td >
  < td width = "255" >< img id = "mid"/></td >
  < td width = "238" >
  < table class = "tb_in" > </table >
  </td >
</tr >
< tr >
  < td colspan = "3" >< img id = "bottom" /></td >
</tr >
</table >
</body >
</html >
```

步骤 2：定义样式

1）定义整体页面外观

```
body{background - color: #CC9; padding - top:50px; }
h1{text - align:center; }
```

这里定义了当前整体页面的背景色的十六进制数为 cc9，整体内容距离上边框内边
距为 50px。

2）定义表格的样式

```
# tb_out{border: 1px solid black; text - align:center; }
.tb_in{border: 1px solid black;text - align:left;width:238px;height:183px; }
```

这里定义了两个表格样式，tb_out 定义表格的边框宽度为 1 像素，边框类型为
solid，并设置颜色是黑色，表格内文本对齐方式为居中。

tb_in 定义了表格内嵌套的表格样式，分别设置边框样式和外表一致，文本对齐方
式定义为左对齐，以及设置宽度为 238 像素，高度为 183 像素。

3）定义图片单元格的样式

```
# bottom{background - image:url(3. jpg);width:718px;height:171px; }
# mid{background - image:url(1. jpg);width:250px;height:179px; }
# top{background - image:url(2. jpg);width:719px;height:161px; }
```

bottom、mid 和 top 三个样式分别定义了三个图片单元格样式，background-image 通过 url()指定了图片的路径，width 和 height 指定当前图片的宽度和高度。

步骤 3：查看整体界面效果

整体界面效果如图 6-6 所示。

6.2　理论解答题

1. 选择题

（1）指定表格单元格中内容与表格单元格边框之间的空间大小，需要设置表格的（　　）属性。

  A. 单元格填充　　　B. 单元格间距　　　C. 宽度　　　 D. 边框

（2）设置列的宽度为 30，则（　　）标记的属性将被修改。

  A. table　　 B. tr　　 C. td　　 D. tp

（3）在 HTML 文件中，可以让表格显示边框线，例如，<table border=5>中 5 代表边框线的粗细，它的单位是（　　）。

  A. cm　　 B. pixel　　 C. grid　　 D. dot

（4）在 HTML 中，下列（　　）是专属于 td、th 元素的属性。

  A. bgcolor　　 B. align

  C. colspan　　 D. background

（5）下面的设置仅显示表格上下边框的是（　　）。

  A. <table frame="border">　　 B. <table frame="hsides">

  C. <table frame="both">　　 D. <table frame="rhs">

（6）关于 HTML 表格的说法错误的是（　　）。

  A. 表格的 width 属性可以设置为像素值或百分比

  B. 表格的 height 属性可以设置为像素值或者百分比

  C. 如果不指定 border 属性，表格默认宽度为 1

  D. 表格和单元格的背景色可以同时设置

（7）下列（　　）设置能使单元格显示边框。

  A. 在<td>中添加 border 属性　　 B. 在<table>中添加 border 属性

  C. 在<tr>中添加 border 属性　　 D. 以上全都可以

（8）在 HTML 文件中，给表格添加行的标记是（　　）。

  A. <tr></tr>　　 B. <td></td>

  C. <th></th>　　 D. 以上都正确

(9) 跨多行的单元格的 HTML 代码为(　　)。

　　A. <th colspan=#>　　　　　　　　　　B. <th rowspan=#>

　　C. <td colspan=#>　　　　　　　　　　D. <td rowspan=#>

(10) 跨多列的单元格的 HTML 代码为(　　)。

　　A. <th colspan=#>　　　　　　　　　　B. <th rowspan=#>

　　C. <td colspan=#>　　　　　　　　　　D. <td rowspan=#>

(11) 设置表格的边框为 0 的 HTML 代码是(　　)。

　　A. <table cellspacing=0>　　　　　　　B. <table height=0>

　　C. <table border=0>　　　　　　　　　D. <table cellpadding=0>

(12) 设置表格的单元格填充为 0 的 HTML 代码是(　　)。

　　A. <table cellspacing=0>　　　　　　　B. <table height=0>

　　C. <table border=0>　　　　　　　　　D. <table cellpadding=0>

(13) 表示表元的背景色彩的 HTML 是(　　)。

　　A. <tr color=#>　　　　　　　　　　　B. <tr bgcolor=#>

　　C. <th bgcolor=#>　　　　　　　　　　D. <th color=#>

(14) 表示表元的背景图像的 HTML 是(　　)。

　　A. <tr backgound=#>　　　　　　　　　B. <th backgound=#>

　　C. <th src=#>　　　　　　　　　　　　D. <tr src=#>

(15) 设置表格边框色彩的 HTML 代码是(　　)。

　　A. <table color=#>　　　　　　　　　　B. <th bordercolor=#>

　　C. <table bordercolor=#>　　　　　　　D. <th color=#>

(16) <table frame=box>表示显示的边框的数为(　　)。

　　A. 1 个　　　　　B. 2 个　　　　　C. 3 个　　　　　D. 4 个

(17) <table frame=above>可以显示(　　)边框。

　　A. 上　　　　　B. 下　　　　　C. 上下　　　　　D. 左右

(18) <table rules=all>表示(　　)。

　　A. 显示所有分隔线

　　B. 只显示组(Groups)与组之间的分隔线

　　C. 只显示行与行之间的分隔线

　　D. 只显示列与列之间的分隔线

(19) 关于表格的描述正确的一项是(　　)。

　　A. 在单元格内不能继续插入整个表格

　　B. 可以同时选定不相邻的单元格

C. 粘贴表格时,不粘贴表格的内容

D. 网页中水平方向可以并排多个独立的表格

（20）如果一个表格包括 1 行 4 列,表格的总宽度为 699,间距为 5,填充为 0,边框为 3,每列的宽度相同,那么应将单元格定制为(　　)像素宽。

A. 126　　　　　B. 136　　　　　C. 147　　　　　D. 167

2. 填空题

（1）在表格属性中,当表格的边框线设为_____时,表格线不可见。

（2）表格的_____属性指定了单元格中的内容与单元格边框之间的空间大小。

（3）如果不希望表格宽度随窗口大小而变化,一般应该以_____为单位定义表格宽度。

（4）表格的标记是_____,单元格的标记是_____。

（5）_____表格的宽度可以用百分比和_____两种单位来设置。

（6）请写出在网页中设定表格边框的厚度的属性_____;设定表格单元格之间宽度属性_____。

（7）请写出< caption align＝bottom >表格标题</caption>功能是_____。

（8）< tr >…</ tr >用来定义_____;< td >…</td>用来定义_____;< th >…</th >用来定义_____。

（9）单元格垂直合并所用的属性是_____;单元格横向合并所用的属性是_____。

（10）利用< table >标记符的_____属性可以控制表格边框的显示样式;利用< table >标记符的_____属性可以控制表格分隔线的显示样式。

（11）要控制单元格内容与表格框线之间的空白,应在< table >标记符中使用_____属性。

（12）要使整个表格行采用某种对齐方式,应在_____标记符中使用 align 属性。

（13）设置表格标题的 HTML 标记是_____。

（14）_____标记定义表格的表头,_____标记定义表格主体(正文),_____标记定义表格的页脚(脚注或表注),它们通常应当一起出现在< table >元素内。

6.3　学　生　实　验

1. 运用给定的材料 hw1.doc,结合实验 2 的设计过程,设计一个内容清晰,结构合理的表格。

2. 参照如图 6-7 所示的设计效果,运用给定的材料 hw2.doc,编写出对应的网页。

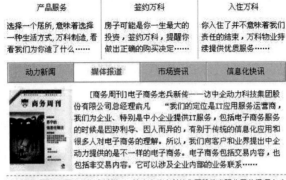

图 6-7　基于表格的新闻页面

3. 运用给定的材料 hw3.doc,参照当当网的相关设计效果,设计如图 6-8 所示的网页。

图 6-8　基于表格的最新书架页面

第7章

表　单

表单(Form)是 HTML 的一个重要部分,可以用于采集和提交用户输入的信息、获得反馈意见等。如采集访问者的名字和 E-mail 地址、建立调查表和留言簿等。表单还广泛用于资料检索、讨论组、网上购物等多种交互式操作。它的这种信息交互式特点,使得网页不再是一个单一的信息发布载体,而是根据客户提交的信息动态甚至实时地进行信息重组。

本次实验中将学习:

(1) 文本输入框和密码输入框的使用。

(2) 单选框和复选框的使用。

(3) 提交按钮、重置按钮、图像按钮的使用。

(4) 文件选择输入框的使用。

(5) 多行文本输入框和下拉列表框的使用。

实验目标:

(1) 掌握表单的创建、编辑、处理方法。

(2) 掌握表单对象的功能、特点和用途。

7.1　讲述与示范

表单元素几乎出现在任何一家网站的网页设计内容里,其作用不容小觑。表单的作用是把来自用户的信息提交给后台服务器,如在用户注册时,把用户的姓名、密码等信息提交给服务器。每个网站都有带自己风格的表单,可能是简洁的,也可能是很有创意的。设计网站的时候,应尽可能提高表单的可用性,尽量吸引用户的注意力,使他们想要往表单里填写信息。

实验 1: 网页欣赏

网络上通过各种方式使用表单,如在线购物,网上聊天、管理银行账户、用户注册、登录、在线搜索资料。Web 表单把用户、信息、Web 产品或者服务连接了起来。它们能促进销售、捕捉用户行为、建立沟通与交流，这些都大大丰富了互联网的应用。注重用户体验的表单会有效提高用户对网站的黏性。因此，Web 表单设计及其交互也是网页设计中必须关注的细节。

图 7-1 是学信网的注册界面，它就是由表单元素设计实现的。从界面截图上来看，包含文本框、密码框、下拉列表、复选框、提交按钮等多项表单元素的应用。标记元素采用了右对齐的方式，和输入框的联系更紧密。而所有输入框采用了相同的宽度和高度，部分输入框设置为圆角且水平和垂直方向都进行了对齐。对必填的表单元素采用加红色 * 的效果，突出显示。整体界面风格以白色为底，简洁干净。

图 7-1　学信网注册页面

评论表单也是常见到的一种表单形式，主要是为用户发表评论和留言使用的，也是网站收集访客个人信息的一种途径。图 7-2 是 https://www.jqueryfuns.com/resource/view/1253 的评论页面。由于主要的表单获取信息在发表评论的区域，所以发表评论区的输入框占有较大的面积。每个输入表单都有对应的图标，整体看起来美观大方，协调自然，并且每一个表单元素都有对应的表单验证，创造了自己独特的表单页面效果。

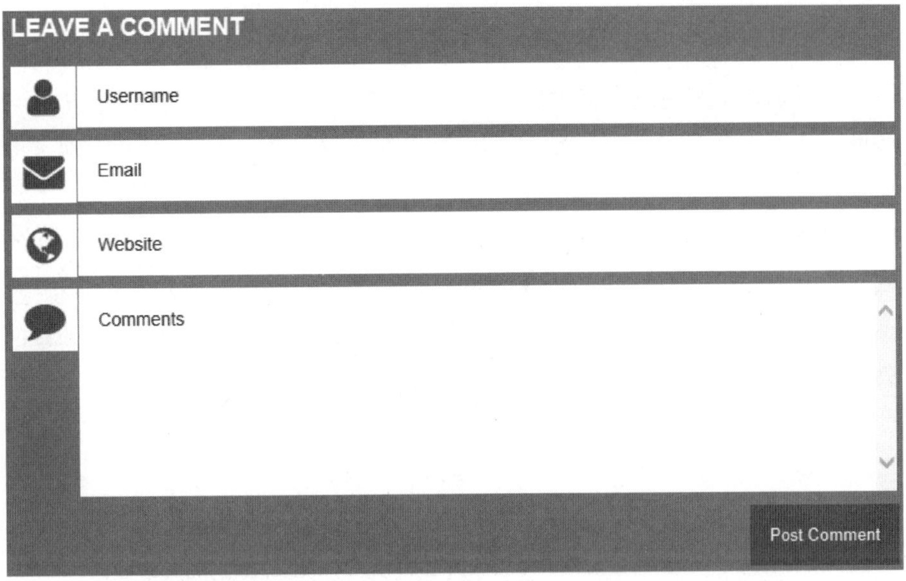

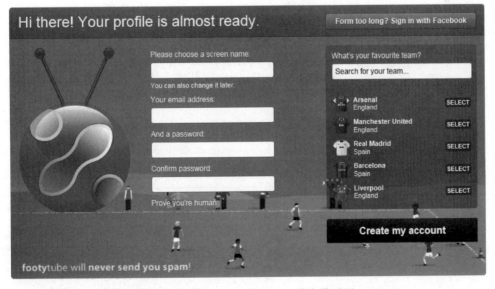

图 7-2　https://www.jqueryfuns.com/resource/view/1253 评论页面

　　图 7-3 是足球网站 footytube 的注册页面。整体页面使用了一张主题相关的背景图片,风格活泼生动。输入框采用半圆角的造型,使得视觉效果柔和舒适。左右两栏分别为基本信息输入和喜爱的球队选择,提交按钮被放入喜爱的球队的选择框下面,使得用户在提交时不会忽略该选择框的内容。整体页面布局大气,色彩艳丽,体现了网站的特点。

图 7-3　www.footytube.com 的注册页面

一个好的表单设计是有其科学性的。Web 设计利用表单来处理数据录入和配置，但并不是所有的表单都必须保持一致。输入区域的对齐方式、各自的标记、操作方式，以及周围的视觉元素都会或多或少影响用户的行为。

　　如果一个表单上的数据并不为人熟悉，在逻辑上分组有困难(比如一个地址的多个组成部分)，左对齐的标记可以很容易地通览表单的信息。这样用户只需要上下看看左侧一栏标记就可以了，而不会被输入框打断思路。标记与其对应的输入框之间的距离会被更长的标记拉长，可能会影响填写表单的时间。表单很多选项并不是非填不可的，但是没有提示，很容易让人产生思路混乱，所以用加星号强调必填的方式也是目前流行的做法。

实验 2：会员登录

　　实验要求：
　　会员需要填写用户名、密码，并能够通过下拉列表选择自己的身份。效果图如图 7-4 所示。

图 7-4　会员登录

　　实验分析：
　　这是一个简单的用户登录页面，对于用户登录页面的表单设计，表单元素要用到单行文本输入框获取用户名信息、密码输入框获取密码，下拉菜单可用于实现选择用户类型：个人会员、商家会员、超级管理员。最下面有"确定"按钮与"重置"按钮。在表单的结构设计中，使用标记右对齐布局，使得标记和输入框之间的联系更紧密。在用户输入表单时，按 Tab 键进入下一步表单元素的输入。

　　实验步骤：
　　通过上述分析，从材料内容上看，可以通过以下步骤完成表单的设计。
　　步骤 1：创建基本页面布局结构
　　页面通过引入一个<div>标记作为页面容器，将具体内容元素全部放在此容器内，下面是页面的基本结构。

```
<!DOCTYPE html>
<html>
    <body>
        <div class = "container">
            <!-- 在此内部添加内容 -->
        </div>
    </body>
</html>
```

在页面的样式定义部分(style),定义了页面中<div>标记应当使用的样式,如下。

```
<head>
    <style type = "text/css">
        .container{width:300px;margin:0 auto; padding:10px;text-align: left;
            text-align:center;border:1px solid #536C71;}
    </style>
</head>
```

这里主要定义了容器的宽度为 300px,并且使用 margin:0 auto 设置为居中对齐。设置确保了将要显示的内容局限在一个矩形框内,并且居于页面的水平中央。边框为 1px 粗的实线。同时设定了边框为特定的颜色。

步骤 2:在页面里添加表单元素

在完成了基本的页面结构后,开始添加表单元素到页面。

1)添加<form>表单元素

首先使用<form>标记表示表单。name 为表单定义名称,method 为表单提交的方法,可选值为 post 或 get,action 表示表单提交的地址。

```
<h1>会员登录</h1>
<form id = "login" name = "login" action = "" method = "post">
</form>
```

2)添加用户名和密码输入框

文本框使用<input>标记,type 的值的不同代表的表单控件也不同。值为 text 表示文本输入框,如果是密码输入框,则将 type 值置为 password,submit 表示提交按钮,而 reset 表示重置按钮,file 表示上传文件文本框,checkbox 表示复选按钮,radio 表示单选按钮。<input>的 name 属性为输入框定义名称。

```
< form id = "login" name = "login" action = "" method = "post">
    < p >
        < label >用户名:</label >
        < input type = "text" name = "name" class = "width50" tabindex = "1"/>
    </p >
    < p >
        < label >密码:</label >
        < input type = "password" name = " password " class = "width50"
                tabindex = "2"/>
    </p >
</form >
```

3) 添加信用卡类型下拉列表

```
< p >
    < label >信用卡类型</label >
    < select name = "select" tabindex = "3">
        < option value = "1">个人会员</option >
        < option value = "2">商家会员</option >
        < option value = "3">超级管理员</option >
    </select >
</p >
```

< select >表示下拉列表,name 属性为下拉列表定义名称,< option >表示列表项。

4) 添加"确定"和"重置"按钮

```
< p >
    < input type = "submit" value = "确定" class = "button" />
    < input type = "reset" value = "重置" class = "button" />
</p >
```

5) Tab 键控制元素控件定位

tabIndex 属性可设置或返回单选按钮的 Tab 键控制次序。用户在输入表单时,按 Tab 键进入下一步表单元素的输入。在表单中也可以控制 Tab 键的顺序,那就是使用 tabindex。tabIndex 的取值为 0～32 767,建议从 1 开始,因为有的浏览器忽略掉值 0,如果取值为−1,浏览器会忽略掉,永远跳不到那个表单元素上。

步骤 3:添加各部分的样式定义

在完成了页面结构后,下面开始定义样式控制表单的显示效果。下面分别定义了文本框、按钮、下拉菜单的使用样式。在样式表内添加样式后的代码如下。

```
body {margin-top:20;padding:0;font-size:12px;color: #000000;
        font-family:"宋体",verdana, arial, sans-serif;}
h1 {padding-bottom: 10px;font-size:12px;color: #000;
        border-bottom: 5px solid #ddd;}
form {padding: 0; margin: 0;}
label {float: left; width: 100px;vertical-align: top; text-align: right;}
input,textarea,select {font-size:12px;color: #999;background: #EEE;
        border: 1px solid #CCC;}
.width50 {width: 130px;}
input.button { padding: 2px 5px;font-size:12px;cursor: pointer;color: #fff;
        background: #FC3307; border-color:1px solid #FF7800;}
.center{text-align:center;}
```

1）HTML 页面标记的样式定义

通常定义页面的样式，包括上边距、内边距、字体大小、字体颜色等，具体如下。

```
body {margin-top: 20;padding: 0;font-size:12px;color: #000000;
        font-family:"宋体",verdana, arial, sans-serif;}
```

这里定义页面的上边界为 20 像素，内填充间距为 0，字体大小为 12 像素，加粗，颜色为黑色，字体首选为宋体，然后依次为 verdana、arial 和 sans-serif。

2）标题的样式定义

HTML 的标题 h 标记，定义一级标题的样式，具体如下。

```
h1 {padding-bottom: 10px;font-size:12px;color: #000;
        border-bottom: 5px solid #ddd;}
```

定义一级标题的样式：下边界与外延边距为 10 像素，字体大小为 12 像素，下边框为 5 像素宽、细线、灰色。

3）form 表单的样式定义

form 表单中包含多项 Label、输入框、下拉菜单等元素，下面定义了它们的样式。

```
form {padding: 0; margin: 0;}
label {float: left; width: 100px;vertical-align: top; text-align: right;}
input,textarea,select {font-size:12px;color: #999;background: #EEE;
        border: 1px solid #CCC;}
```

输入框、多行文本框、下拉菜单采用选择符分组的方式定义。定义字体大小为 12 像素，颜色灰色、背景灰色、边框的粗细与颜色。

4）按钮样式的定义

```
input.button { padding: 2px 5px;font - size:12px;color: #fff;
        background: #FC3307; border - color:1px solid #FF7800;}
```

按钮定义采用包含的选择方式，输入框下包含一个 button 的类样式，定义内填充的上下边距是 2 像素，左右为 5 像素，字体大小是 12 像素，也定义了背景颜色与边框颜色。

步骤 4：查看效果

效果如图 7-4 所示。

实验 3：调查问卷

实验要求：

完成一个网站的在线问卷调查，效果图如图 7-5 所示。

同城网在线调查	
你从哪里知道同城的	网上搜索 ▼
你正在使用的同城网服务	☐ 免费社区　☐ 免费留言簿　☐ 免费投票
你希望我们提供哪些新服务	☐ 聊天室　☐ 博客　☐ 游戏系统
你是同城网的会员吗	○ 是　○ 不是
你对同城网的其他意见	

提交

图 7-5　调查问卷

实验分析：

这是一个调查问卷页面，对于调查问卷的表单设计，表单元素要用到下拉菜单、复选框、单选框、多行文本输入框获取调查的目的。在表单的结构设计中，使用标记左对齐布局，使用户的视觉的重心放在调查的问题上。在用户输入表单时，按 Tab 键进入下一步表单元素的输入。

实验步骤

通过上述分析，从材料内容上看，通过以下步骤完成表单的设计。

步骤 1：页面基本布局

调查页面通过表格布局，从效果图上看可以通过一个 7 行 2 列的表格布局网页，将调查的内容全部放在此表格的单元格内。第一行为标题行，因此使用了< tr >标记的 colspan 属性合并了两列的单元格。

```
<!DOCTYPE html >
< html >
< head >
    < title >调查</title >
</head >
< body >
    < form action = " # " method = "post" name = "form1" id = "form1">
    <! -- 页面结构 -->
        < table width = "450" border = "0" cellpadding = "5"
                cellspacing = "0" align = "center">
          < tr >
                < td colspan = "2"></td >
          </tr >
          < tr >
                < td width = "38 % " > </td >
                < td width = "62 % " > </td >
          </tr >
          …
          <! -- 其他 5 行的同上 -->
        </table >
    </form >
</body >
</html >
```

步骤 2：在 form 之间添加表单元素

使用< select >实现调查从哪里知道的同城。< checkbox >复选按钮，了解正在使用的同城网服务与提供的新服务，可以多选。是否同城会员只能用< radio >单选按钮。< textarea >中填写对同城网的其他意见，使用多行文本输入框获取意见。

1）标题栏的实现

使用了 td 标记的 colspan 属性并设置值为 2 将表格的第一行的两列合并为一列显示。

```
< tr >< td colspan = "2" bgcolor = " #FF6600" class = "tt1">同城网在线调查</td ></tr >
```

2）下拉列表的实现

分别将问题和备选答案放入一行的两列里。备选答案有多个选项，使用< select >

标记及<option>提供选项的方式。

```
<tr>
    <td width = "38%" class = "bd2">你从哪里知道同城的</td>
    <td width = "62%" class = "bd4">
        <select name = "select">
            <option value = "1">网上搜索</option>
            …
        </select>
    <td>
</tr>
```

3）复选问题的实现

复选问题是有多个备选答案的，可多选的调查方式。使用 input 标记，并将 type 属性值置为 checkbox。

```
<tr>
    <td class = "bd2">你正在使用的同城网服务</td>
    <td class = "bd4">
        <input name = "f1" type = "checkbox" id = "f1" value = "社区" />
        …
    </td>
</tr>
<tr>
    <td class = "bd2">你希望我们提供哪些新服务</td>
    <td class = "bd4">
        <input name = "nf1" type = "checkbox" id = "nf1" value = "1" />聊天室
        …
    </td>
</tr>
```

4）单选问题的实现

单选问题只能选中一个选项，单选使用 input 标记并置 type 属性值为 radio 来实现。

```
<tr>
    <td class = "bd2">你是同城网的会员吗</td>
    <td class = "bd4">
        <input type = "radio" name = "huiyuan" value = "1" />是
        <input type = "radio" name = "huiyuan" value = "0" />不是
    </td>
</tr>
```

5）"提交"按钮的实现

同样由效果图看出，需对最后一行先进行列合并，然后插入"提交"按钮表单控件。

```
< tr >
    < td colspan = "2">< input type = "submit" name = "Submit" value = "提交" /></td>
</tr >
```

步骤 3：添加各部分的样式定义

< table >布局的结构应用的 CSS 样式比较少，主要控制文字与表单的显示风格。在< head >和</head >之间加入如下样式。

```
< style type = "text/css">
    .tt1 {font-size: 14px;color: #FFFFFF;}
    .bd1 {border: 1px solid #FF6600;}
    .bd2 {border-right-width: 1px;border-bottom-width: 1px;
        border-top-style: none;border-right-style: solid;
        border-bottom-style: solid;border-left-style: none;
        border-right-color: #CCD8E6;border-bottom-color: #CCD8E6;
        font-size: 13px;}
    .bd4 {border-bottom-width: 1px;border-bottom-style: solid;
        border-bottom-color: #CCD8E6;font-size: 13px;}
</style >
```

样式分析：

1）整体表格的类样式定义

```
.bd1 {border: 1px solid #FF6600;}
```

bd1 定义了表格的基本样式：表格边框采用 1 像素的橙红色的细线绘制。

2）表格标题的类样式定义

```
.tt1 {font-size: 14px;color: #FFFFFF;}
```

tt1 定义了表格标题的字体大小 14 像素，字体颜色为白色。

3）表格内显示字段的单元格样式

```
.bd2 { border-right-width: 1px;border-bottom-width: 1px;
    border-top-style: none;border-right-style: solid;
    border-bottom-style: solid;border-left-style: none;
    border-right-color: #CCD8E6;border-bottom-color: #CCD8E6;
    font-size: 13px;}
```

bd2 定义了单元格内的字体大小为 13 像素。其他的如：

"border-right-width：1px;"表示设置右边框的宽度为 1px。

"border-right-style：solid;"表示右边框的边框类型为实线。

"border-right-color：#CCD8E6;"表示右边框的颜色。

表格的上、左边框为空,没有边线效果;表格的下边框与右边框样式一样。

4) 表格内显示表单的单元格样式

```
.bd4 {border - bottom - width: 1px;border - bottom - style: solid;
      border - bottom - color: #CCD8E6;font - size: 13px;}
```

这里定义的单元格字体大小为 13 像素。

"border-bottom-width：1px;"表示设置下边框的宽度为 1px。

"border-bottom-style：solid;"表示下边框的边框类型为实线。

"border-bottom-color：# CCD8E6;"表示下边框的颜色。

步骤 4：保存查看效果

效果如图 7-5 所示。

实验 4：中国大学生在线注册表单

实验要求：

制作中国大学生在线注册表单,效果图如图 7-6 所示。

图 7-6 会员注册表单

实验分析：

在本实验中,在线注册表单需要用邮箱来进行注册,并输入登录密码和自己的真实姓名。除此之外,为了统计用户身份,提供了单选框来实现用户身份类别的选择。"所在地区"通过两个下拉列表实现动态加载城市列表。第二个下拉列表应根据第一个下拉列表所选择的省份来动态加载该省份对应的城市信息,效果如图 7-7 所示。

图 7-7　选择所在地区

"选择大学"对应的表单元素,将关联一个事件,单击表单触发事件发生,弹出给用户提供选择学校的界面。通过单击省份,在下面会动态加载显示该城市的所有大学,单击对应大学后,弹出框消失,该大学名称写入表单对应输入框中。具体操作效果见图 7-8。

图 7-8　选择大学

另外,为防止频繁注册,表单信息最后的"验证码"表单元素加入了验证码脚本,有效提高了网页的安全性能和用户体验。

实验步骤:

步骤 1:创建页面结构布局

页面首先引入一个<div>元素将整个表单放入进去。为保持表单元素的对齐,在表单元素<form>内采用嵌入表格的形式,使得每一个表单输入项都放入表格的一个单元格中,使得页面输入元素布局整齐。

```html
< html >
< head >
< title >中国大学生在线_注册新用户</title >
< link ><! -- 外部样式表 --></
< script ><! -- js 脚本文件 --></script >
< style ><! -- 内嵌样式表 --></style >
</head >
< body >
< div class = "register">
< form name = "form1"id = "form1"style = "height:400px;"method = "post" >
< table width = "100 %" border = "0" cellspacing = "0" cellpadding = "0">
< tr ><! -- 邮箱注册表单 --></tr >
< tr ><! -- 登录密码表单 --></tr >
< tr ><! -- 真实姓名表单 --></tr >
< tr ><! -- 用户类别选择框 --></tr >
< tr ><! -- 所在地区选择下拉列表 --></tr >
< tr ><! -- 选择大学输入表单 --></tr >
< tr ><! -- 验证码表单 --></tr >
< tr ><! -- 提交注册按钮、图片等 -->
</tr >
</table >
</form >
</div >
</div >
<! -- 选择大学弹出框 -->
< script ><! -- js 脚本,实现拖动选择大学弹出框的功能 --></script >
</body ></html >
```

在<head>标记下,主要是引入本页面所需要的一些外部样式表或者外部的 js 脚本,或者是内嵌的样式表,分别通过<link>、<script>和<style>三个标记来引入。

在表单内嵌的表格中,每一行代表一个输入表单,具体实现参照步骤 2。

步骤 2:在页面里添加表单元素

在完成了基本的页面结构后,开始添加表单元素到页面。

```
    <!-- 邮箱注册表单 -->
    <tr><td width = "30%" align = "right">注册邮箱: </td>
            <td colspan = "2"><INPUT name = "email" height = "50" id = "email"
                onBlur = "Validator.ValidateOne(this,3)" maxlength = "30"
                okmsg = "√" msg = "邮箱格式不正确" datatype = "Email">
            </td>
    </tr>
    <!-- 登录密码表单 -->
    <tr><td align = "right">登录密码: </td>
            <td colspan = "2"><INPUT name = "password" id = "password"
                onBlur = "Validator.ValidateOne(this,3)" type = "password"
                maxlength = "20" min = "6" max = "18" okmsg = "√"
                msg = "密码应为 6~18 位字符" datatype = "Limit">
            </td>
    </tr>
    <!-- 真实姓名表单 -->
    <tr><td align = "right">真实姓名: </TD>
            <td colspan = "2"><input name = "userName" id = "userName"
                onBlur = "Validator.ValidateOne(this,3)" maxlength = "20" min = "4"
                max = "24" okmsg = "√" msg = "2-12 位汉字" datatype = "LimitB">
            </td>
    </tr>
```

在邮箱注册输入项中,定义了输入项的基本 name 属性,id 属性,高度等,还定义了一些输入内容的约束条件,在元素失去焦点时会触发约束条件执行。例如 maxlength="30"代表该表单输入项的长度最大为 30,长度大于 30 的字符数将无法输入。onBlur 属性常用于表单验证代码,例如,在用户离开表单字段时,失去焦点,触发表单验证方法。同时,通过 js 文件(validator.js)定义了一些表单输入项对应的数据类型,例如 Email、Limit 和 LimitB 等,以及表单属性类型,如 maxlength、min、max 等。如在此例中,在 validator.js 中使用正则表达式的方法定义了 Email 类型为包含@符号的字符串。除此之外,事件监听的方法也在该 js 文件内,如 ValidatorOne(this,3)等一些函数。

在登录密码输入项中,定义了输入项的 type 属性为 type="password",使得输入内容以黑点等非密码字符代替。min="6"和 max="18"表示该表单的验证要求为最小输入 6 个字符,最大输入 18 个字符,如果不在此范围之内,将验证无法通过,并给出错误提示,显示 msg 属性值的字符串。因此,msg="密码应为 6~18 位字符"代表在验证无法通过时在输入框后面给出的提示信息,而 okmsg="√"表示验证通过后输入框后面给出的提示符号,并且该表单数据类型通过 datatype="Limit"指定为 Limit 类型,该类型在 Validator.js 中已经定义。另外,该表单的 maxlength 属性中指定 20,表示该密码输入框输入的字符串长度最大只能是 20 个字符,虽然设置了 max="18",但是还可以继续输入字符,只是无法验证通过。

　　同样,在真实姓名输入项和注册邮箱输入项定义了属性类型并指定对应的值。真实姓名输入项中,定义了表单输入项的最大长度为 20,表示该表单内可以显示 20 个汉字或 20 个字符。但该表单的验证要求最小字符数为 4,最大字符数为 24,表示该表单内输入汉字最少两个但不能超过 12 个,而输入数字和字母则需要 4～24 个。因为一般来说,汉字占两个字符位置,字母和数字为一个字符。因此,一般来讲,maxlength 是限定了表单内可容纳的字符长度,max 是进行表单验证时的字符长度的最大值。

　　接下来设定用户类别、所在地区、选择大学及验证码表单元素的具体属性及样式。

```html
<! -- 用户类别选择框 -->
<tr><td align = "right">用户类别: </td>
        <td colspan = "2">
    <label>
    <input style = "width:20px" name = "userType" type = "radio" value = "1" />学生
    </label>
    <label>
    <input style = "width:20px" name = "userType" type = "radio" value = "2"/>教师
    </label>
    <label>
    <input style = "width:20px" name = "userType" type = "radio" value = "3"/>辅导员
    </label>
    </td>
</tr>
<! -- 所在地区选择下拉列表 -->
<tr><td align = "right">所在地区: </td>
        <td colspan = "2">
        <select name = "province" id = "province"
                onBlur = "Validator.ValidateOne(this,3)" onchange = "getCity()"
                okmsg = "√" msg = "未选择省份" datatype = "Require">
        <option value = "">省份</option>
        </select>
        <select name = "city" id = "city"
                onblur = "Validator.ValidateOne(this,3)" okmsg = "√"
                msg = "未选择城市" datatype = "Require">
        <option value = "">城市</option>
        </select>
        </td>
</tr>
<! -- 选择大学输入表单 -->
```

```
<tr><td align = "right">选择大学: </td>
    <td colspan = "2">
        < input name = "univName" id = "univName" onClick = "selectUniv()"
                onBlur = "Validator.ValidateOne(this,3)" readonly = ""
                okmsg = "√" msg = "请选择大学" datatype = "Require">
    </td>
</tr>
```

以上选取不同的表单元素类型进行实现。其中,用户类别使用单选框。所在地区使用两个下拉列表框实现,并且采用 onBlur 属性设定在元素失去焦点时触发事件。在省份下拉列表框中添加了一个 onchange 方法,该方法将根据该下拉列表框选择项的改变而触发执行 getCity()方法,实现更新城市下拉列表的信息。再选择大学,添加了一个 onClick 事件方法,该方法实现单击大学表单元素时会触发 selectUniv()方法,弹出新的表单页面选择大学信息框。有关验证码实现部分可参考源码文件。js 脚本程序直接引用即可。

步骤 3:添加各部分的引用

在完成了页面结构后,下面引用一些外部定义的样式或者其他脚本程序。下面分别定义了文本框、按钮、下拉菜单的使用样式。

1) 外部样式表引用

通常定义页面的样式,包括背景图片、字体、字体颜色、外边界距离等,具体引用方法如下。

```
< link href = " member registration/community.css" rel = "stylesheet"
        type = "text/css">
< link href = " member registration/table.css" rel = "stylesheet"
        type = "text/css">
```

该 CSS 样式表内的具体实现,参照源码文件。

2) 外部 js 脚本的引入

下面的 js 脚本是实现该注册页面的功能方法。

```
<! -- 下面三个 js 实现学校加载 -->
< script src = " member registration/prototype.js"></SCRIPT>
< script src = " member registration/univs.js"></SCRIPT>
< script src = " member registration/searchunivs.js"></SCRIPT>
<! -- 下面两个 js 实现城市加载 -->
< script src = " member registration/city.js"></SCRIPT>
```

```
< script src = " member registration/choosecity. js"></SCRIPT>
<! -- 下面一个 js 实现表单验证 -->
< script src = " member registration/validator. js"></SCRIPT>
<! -- 下面一个 js 实现登录验证 -->
< script src = " member registration/signup. js"></SCRIPT>
 <! -- 下面一个 js 实现验证码验证 -->
< script src = " member registration/verifyCode. js"></SCRIPT>
 <! -- 下面一个 js 实现位置拖动隐藏等效果 -->
< script src = " member registration/wz_dragdrop. js" t></SCRIPT>
```

引入的外部 js 脚本程序具体功能在注释中注明,程序具体实现请参照主教材对应源码。

3) 内联样式定义

该注册表单页面的样式大多数在外部样式表定义,内嵌的样式表定义了注册表单的整体布局和外观,并针对输入框的样式做了修改。

```
. register{
    width:600px;
    margin:0px auto;
    padding - top:20px;
    font - size:30px;
    line - height:40px;
    color: #444;
}
. register input{
    width:200px;
    height:25px;
    line - height:25px;
    border:1px solid #ccc;
}
```

.register 设置了 class 为 register 的<div>元素的样式,对其设置宽度为 600 像素,外边距设置为 0px auto 表示上下边距为 0,左右边距自动适中。最后设置了内边距距离上边框为 20 像素,并对行高和字体以及颜色做了定义和修饰。

同样,也对该注册表单下的所有 input 标记做了统一的定义,包括其边框修饰为宽度 1 像素,边框样式为 solid 类型,边框颜色设置为 #ccc。

步骤 4:查看效果

如图 7-6 所示为最终的实现效果。

7.2　理论解答题

1. 选择题

(1) 下列关于表单的说法不正确的一项是(　　)。

    A. 表单元素可以单独存在于网页表单外

    B. 表单中包含各种对象,例如文本域、列表框、复选框和单选按钮

    C. 表单即是表单元素

    D. 表单由两部分组成:一是描述表单的 HTML 源代码;二是用来处理用户
       在表单域中输入的信息的服务器端应用程序客户端脚本

(2) 在指定单选框时,只有将(　　)属性的值指定为相同,才能使它们成为
一组。

    A. type   B. name

    C. value   D. checked

(3) 下列不是表单域的控件是(　　)。

    A. 单行文本框   B. 复选框

    C. 下拉菜单   D. 图文框

(4) 下列不属于表单中按钮类型的是(　　)。

    A. 重置   B. 普通

    C. 无动作   D. 提交

(5) HTML 中表单的作用是(　　)。

    A. 显示图像   B. 设置超链接

    C. 收集用户反馈信息   D. 显示网页信息

(6) 代码< input type="text" name="txt">的功能是(　　)。

    A. 创建一个文本框   B. 创建一个密码框

    C. 创建一个文本域   D. 创建一个按钮

(7) 表单提交中的方式有(　　)种。

    A. 1   B. 2

    C. 3   D. 4

(8) 在 HTML 中,< form action=? >中的 action 表示(　　)。

    A. 提交的方式   B. 表单所用的脚本语言

    C. 提交的 URL 地址   D. 表单的形式

（9）在 HTML 中，< form method＝? >中的 method 表示（　　　）。

　　A. 提交的方式　　　　　　　　　　B. 表单所用的脚本语言

　　C. 提交的 URL 地址　　　　　　　　D. 表单的形式

（10）增加表单的文字段的 HTML 代码是（　　　）。

　　A. < input type＝submit >　　　　B. < input type＝image >

　　C. < input type＝text >　　　　　D. < input type＝hide >

（11）增加表单的隐藏域的 HTML 代码是（　　　）。

　　A. < input type＝submit >　　　　B. < input type＝ image >

　　C. < input type＝text >　　　　　D. < input type＝hide >

（12）增加表单的复选框的 HTML 代码是（　　　）。

　　A. < input type＝submit >　　　　B. < input type＝ image >

　　C. < input type＝text >　　　　　D. < input type＝checkbox >

（13）增加表单的单选框的 HTML 代码是（　　　）。

　　A. < input type＝submit >　　　　B. < input type＝ image >

　　C. < input type＝radio >　　　　　D. < input type＝checkbox >

（14）增加表单的图像域的 HTML 代码是（　　　）。

　　A. < input type＝submit >　　　　B. < input type＝ image >

　　C. < input type＝radio >　　　　　D. < input type＝checkbox >

（15）增加表单的文本域的 HTML 代码是（　　　）。

　　A. < input type＝submit ></input >

　　B. < textarea name＝"textarea"></textarea >

　　C. < input type＝radio ></input >

　　D. < input type＝checkbox ></input >

（16）增加表单的密码域的 HTML 代码是（　　　）。

　　A. < input type＝submit >

　　B. < input type＝password >

　　C. < input type＝radio >

　　D. < input type＝checkbox >

（17）增加列表框的 HTML 代码是（　　　）。

　　A. < input type＝submit ></input >

　　B. < textarea name＝"textarea"></textarea >

　　C. < select multiple ></select >

　　D. < input type＝checkbox ></input >

(18) 如果要在表单里创建一个普通文本框,以下写法中正确的是(　　)。

  A. <INPUT type="text">　　　　　B. <INPUT type="password">

  C. <INPUT type="checkbox">　　　D. <INPUT type="radio">

(19) 以下有关表单的说明中,错误的是(　　)。

  A. 表单通常用于搜集用户信息

  B. 在 FORM 标记符中使用 action 属性指定表单处理程序的位置

  C. 表单中只能包含表单控件,而不能包含其他诸如图片之类的内容

  D. 在 FORM 标记符中使用 method 属性指定提交表单数据的方法

(20) 给表单控件设置标记,以下代码中正确的是(　　)。

  A. <INPUT type="checkbox" name="news"><LABEL for="news">新闻</LABEL>

  B. <INPUT type="checkbox" for="news"><LABEL id="news">新闻</LABEL>

  C. <INPUT type="checkbox" for="news"><LABEL name="news">新闻</LABEL>

  D. <INPUT type="checkbox" id="news"><LABEL for="news">新闻</LABEL>

(21) 创建选项菜单应使用(　　)标记符。

  A. SELECT 和 OPTION　　　　　B. INPUT 和 LABEL

  C. INPUT　　　　　　　　　　D. INPUT 和 OPTION

(22) 以下有关按钮的说法中,错误的是(　　)。

  A. 可以用图像作为提交按钮

  B. 可以用图像作为重置按钮

  C. 可以控制提交按钮上的显示文字

  D. 可以控制重置按钮上的显示文字

(23) 以下表单控件中,不是由 INPUT 标记符创建的是(　　)。

  A. 单选框　　　　B. 口令框　　　　C. 选项菜单　　　　D. 提交按钮

2. 填空题

(1) 一般的表单由_____、_____、_____、_____等部分组成。

(2) 在网页中用于让客户从一组互斥的选项中在同一个时刻只能选择一项,可使用的表单域是_____。

(3) 在 HTML 网页中,定义表单使用_____元素。

(4) 在 HTML 网页中,用于定义表单控件的元素有_____、_____、

_____、_____、_____、_____。

（5）已知网页如图 7-9 所示，请将代码填写完整。

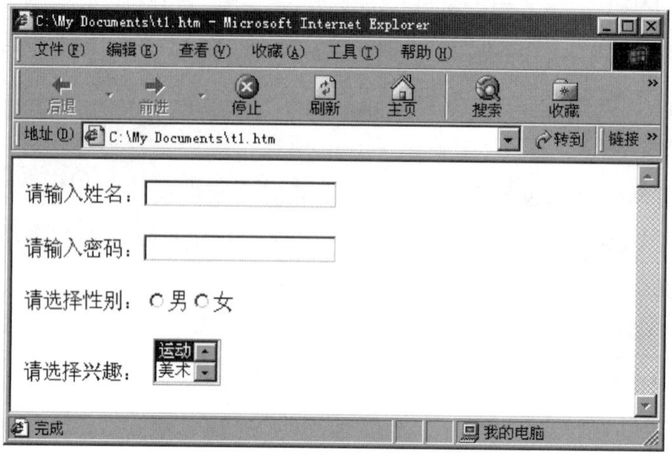

图 7-9　表单图例

```
< FORM >
    请输入姓名：< INPUT >< BR >
    请输入密码：< INPUT    ①    >< BR >
    请选择性别：< INPUT    ②    name = "gender">男< BR >
               < INPUT    ③    name = "gender">女< BR >
    请选择兴趣：< SELECT multiple size = 2 >
               < OPTION    ④    >运动
               < OPTION >美术
               < OPTION >音乐
               </SELECT >
</FORM >
```

7.3 学 生 实 验

1. 根据给定素材，实现 www. coopapp. com 网站的会员注册页面。效果图如图 7-10 所示。

2. 参照本章实验，根据给定素材，制作一个如图 7-11 所示的网站留言板，要求用户的姓名、邮箱、联系方式与留言内容是必填项。

3. 参照本章实验，根据给定素材，制作一个产品在线订单的页面。效果如图 7-12 所示。

图 7-10　注册页面

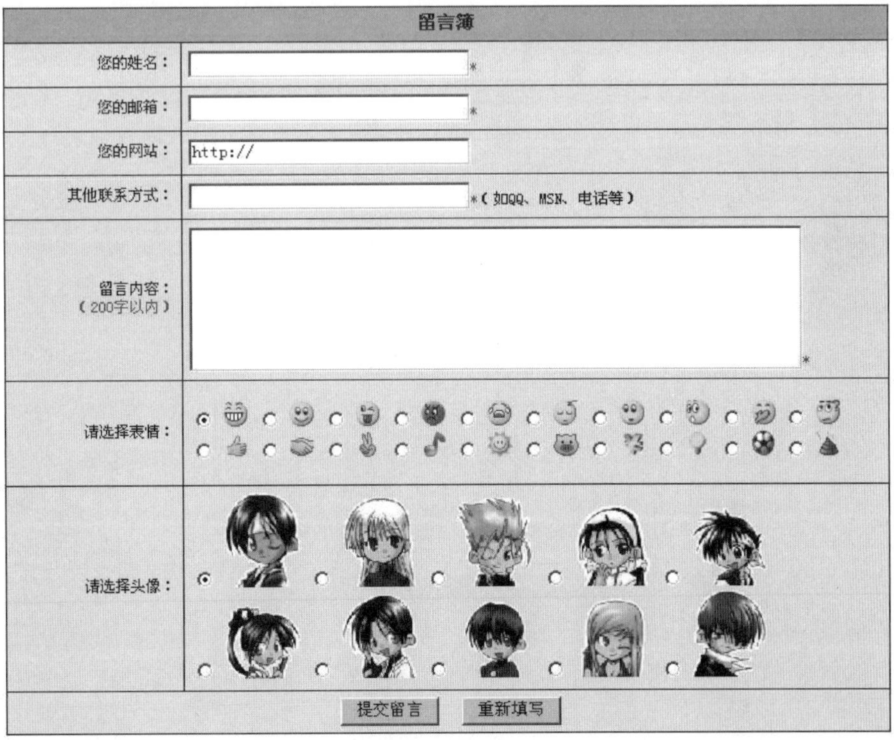

图 7-11　留言板

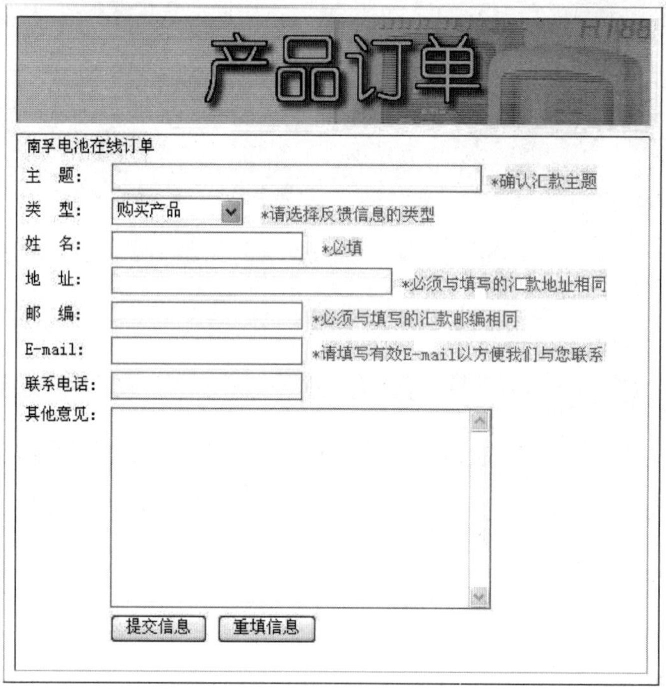
产品订单
南孚电池在线订单
主 题:
*确认汇款主题
类 型:
购买产品
*请选择反馈信息的类型
姓 名:
*必填
地 址:
*必须与填写的汇款地址相同
邮 编:
*必须与填写的汇款邮编相同
E-mail:
*请填写有效E-mail以方便我们与您联系
联系电话:
其他意见:
提交信息
重填信息

图 7-12 产品订单

## 第 8 章

使用 CSS 格式化网页 ◂

网页设计通常需要统一网站的整体风格。这些统一的风格大部分涉及页面的结构布局、元素样式和使用方式等,应用一致的 CSS 来控制页面的结构和样式,会大大提高网页设计速度,并能够对实现网页的整体风格起到良好的控制效果。

本次实验将学习:

(1) CSS 构造。

(2) CSS 的定义与使用。

(3) CSS 字体与文本属性。

(4) CSS 的绝对定位与相对定位。

(5) CSS 的文字及超链接控制。

(6) CSS 列表与 DIV 的应用。

实验目标:

(1) 掌握 CSS 定义文字、背景图片、超链接控制、列表、DIV 等常用属性。

(2) 完成简单 CSS+DIV 页面设计。

8.1   讲述与示范

CSS 技术作为页面内容和显示风格分离思想的重要体现,已经被越来越广泛地应用于大型网站的开发设计中。CSS 不仅能够使用多种属性值对 HTML 元素实施更精准的控制,并且可以通过和 DIV 块标记的配合,完成各种灵活的页面布局。因此,目前国内很多大型门户网站多采用 DIV+CSS 制作方法,例如 163、新浪、搜狐等门户网站。

实验 1:网页欣赏

DIV+CSS 的布局方式是目前主流的网页布局方式,尤其适合内容信息量大,版块较多,且经常进行版面更新的大型门户网站。下面首先欣赏几个优秀的利用 DIV+CSS 进行页面布局的页面。

图 8-1 是淘宝网页面的局部截图。淘宝网是综合型网上购物网站，商品信息量巨大，分类版块繁多，且内容经常要进行更新变化。这样的网站尤其适合 DIV＋CSS 的布局方式。从局部图上来看，版块内容利用了 DIV 的层设置，每一版块使用独立的层，同时利用层的边距、间距等属性，有效地对版块之间进行了分隔，使得页面内容集中但不凌乱，且便于进行维护更新。同时运用了字体和图片的混合排版技术，使页面达到了美观整齐的视觉效果。

图 8-1　淘宝网局部页面

图 8-2 展示的页面从整体上来看是"上中下"的布局模型。这种布局在总体上使用三个 DIV 层进行控制。头部主要为 Logo 和登录区，因此在头部层中可以嵌套两个 DIV 层。中间为标准导航栏，下部为主内容区域。主内容区域根据布局的要求又可以分为左右两部分，分别使用两个 DIV 层控制。然后利用 margin、padding 等 CSS 属性控制边距、行间距、颜色等，达到合理布局的目的。

新飞网站首页采用了常见页面布局中的头部＋导航＋内容（两列右窄左宽）＋底部的布局方式。同时内容区根据不同区域划分 DIV 层以控制不同版块的位置。这种结构中规中矩，简洁整齐，实施比较简单灵活，如图 8-3 所示。

中华人民共和国中央人民政府的网站采用头部＋内容＋底部的简单布局方式，这属于标准的上中下形式。其中，内容部分又分为左中右三栏显示，主要内容显示在中间栏相对大的区域里，两边的侧边栏为主要导航区域，如图 8-4 所示。

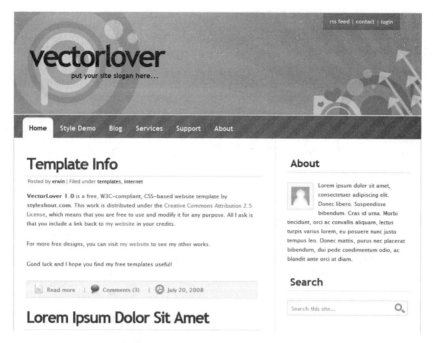

图 8-2　DIV＋CSS 布局网站的局部截图

图 8-3　新飞网站的首页图

图 8-4　中华人民共和国中央人民政府门户网站截图

实验 2：常用页面布局设计

　　利用 DIV＋CSS 布局首先要确定所开发网站的主体布局，然后再进行局部的版块设计。一般而言，一个标准的网站页面应该有 Logo 区，导航区，内容区和版权区几个部分。其中，内容区又可以分为多种灵活的布局划分模式，比如常见的左右栏、左中右栏等形式。图 8-5 列出了常见的 4 种页面主布局模式。

　　这几种布局都是标准的头部＋导航＋内容＋尾部的布局方式。其中，内容部分的布局又可以分为两列右窄左宽型、两列左窄右宽型、三列中宽几种方式。很多门户网站都根据不同需求采用了这些布局方式。这些布局的实现的基本方法都是首先根据布局要求划分层次结构，根据层次结构构建对应的 DIV 层，然后通过对 DIV 层实施 CSS 达到控制版块位置、边距、颜色等多种效果的显示。

　　以图 8-5 中左下角的布局为例，这是一个标准的头部＋导航＋内容＋尾部布局结构，其 DIV 层的划分也对应了这几个部分。其布局如下所示。

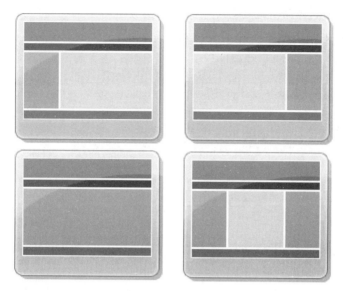

图 8-5 常见页面布局

```
< div id = "container">
  < div id = "header"> This is the Header </div >
  < div id = "menu"> This is the Menu </div >
  < div id = "mainContent"> This is the content </div >
  < div id = "footer"> This is the footer </div >
</div >
```

确定结构布局之后,接着需要考虑页面的样式。首先对全局的属性信息进行统一
定义,例如,可以对 body 实施字体、字号、边距等控制。在 CSS 文件中可写入如下
语句。

```
body { font - family:Verdana; font - size:14px; margin:0;}
```

然后利用 CSS 属性对 DIV 层进行版式等相关信息的控制,如宽度、高度、边距、颜
色等。例如,应用 width 和 height 定义 DIV 层的宽度和高度。利用 margin 属性来设
置 div 层与页面的相对位置,如使用 margin-bottom:0px 使得各层与其相邻层之间有
一定的间隔。在 CSS 文件中写入如下代码可显示控制效果。

```
# container {margin:0 auto; width:900px;}
# header { height:100px; background: # 6cf; margin - bottom:5px;}
# menu { height:30px; background: # 09c; margin - bottom:5px;}
# mainContent { height:500px; background: # cff; margin - bottom:5px;}
# footer { height:60px; background: # 6cf;}
```

图 8-5 右下角的布局格式是对左下角的案例做了布局上的进一步修改,将主内容区域又划分为左中右结构。在我国中央人民政府网站中可以看到这种标准布局。因此,需要对 mainContent 的层结构进行进一步的划分,如下所示。

```
< div id = "mainContent">
    < div id = "leftsidebar"> This is the leftsidebar </div>
    < div id = "content"> This is the content </div>
     < div id = "rightsidebar"> This is the rightsidebar </div>
</div>
```

对中间部分的 CSS 的实施主要是控制内容部分三个分栏的位置和宽度。例如,leftsidebar 层和 rightsidebar 层的相对位置可以通过设定♯ leftsidebar{ float: right}和♯ rightsidebar{ float: left}来进行,即通过设定层的向右浮动和向左浮动完成定位。

```
♯ mainContent { height:500px; margin − bottom:5px;}
♯ leftsidebar { float:left; width:200px; height:500px; background: ♯ cf9;}
♯ rightsidebar{ float:right; width:200px; height:500px; background: ♯ cf9;}
♯ content { margin:0 202px; height:500px; background: ♯ ffa;}
```

实验 3：CSS 文件的 4 种引用方式

CSS 样式表文件的优势表现在以下两个方面。

第一,简化了网页的格式代码,外部的 CSS 样式表还会被浏览器保存在缓存里,加快了下载显示的速度,也减少了需要上传的代码数量(因为重复设置的格式将被只保存一次)。

第二,只要修改保存着网站格式的 CSS 样式表文件就可以改变整个站点的风格特色,在修改页面数量庞大的站点时,显得格外有用。避免了一个一个网页的修改,大大减少了重复劳动的工作量。

网页中添加 CSS 样式表的 4 种方式为：标记内的 CSS、网页内的 CSS、link 引用的 CSS 和 import 引用的 CSS。

1. 标记内的 CSS

这种方式是直接在标记内使用 STYLE 属性。

```
<标记 style = "性质(属性)1:设定值 1;性质(属性)2:设定值 2;…}
```

下面的代码,在一个< h1 >标记的属性中,直接定义当前的一级标题字的前景色和背景色的设置,如下所示。

```
< body >
    < h1 style = "color:white; background - color:yellow;">标记内的 CSS </h1 >
</body >
```

这种方法的优点是使用直观的方法将 CSS 属性灵活定义到各个标记上。其缺点为各 CSS 内容分散在文件的各个部分,没有整篇文件的统一性,对后期的修改和维护都产生较大的影响,因此在实际应用中使用较少。

2. 网页内的 CSS

网页内直接嵌入 CSS 文件的方法是将 CSS 样式规则写在< STYLE >…</STYLE >标签之中。通常是将整个的< STYLE >…</STYLE >结构写在网页的< HEAD ></HEAD >部分之中。这种用法的优点就是在于整篇文件的统一性,只要是有声明的元件即会套用该样式规则。缺点就是个别元件的灵活度不足。将实验 2 的页面布局更改为此方式的具体代码如下。

```
<! DOCTYPE html >
< html >
< head >
    < style type = "text/css">
        body { font - family:Verdana; font - size:14px; margin:0;}
        #container {margin:0 auto; width:100 % ;}
        #header { height:100px; background:#9c6; margin - bottom:5px;}
        #menu { height:30px; background:#693; margin - bottom:5px;}
        #mainContent { height:500px; margin - bottom:5px;}
        #footer { height:60px; background:#9c6;}
    </style >
</head >
< body >
…
</body ></html >
```

3. link 引用的 CSS

这种方式是 CSS 样式引用中较为常用的一种方式。这种方式将 CSS 样式表代码单独编写在一个独立文件中,由网页中的 link 标记的 href 属性指定后进行调用,因此多个文件可以调用同一个外部样式表文件。将实验 2 的页面布局更改为此方式的HTML 页面代码具体如下。

```
<!DOCTYPE html>
<html>
<head>
    <meta charset = gb2312" />
    <link href = "layout.css" rel = "stylesheet" type = "text/css" />
</head>
<body>
    <div id = "container">
      <div id = "header"></div>
      <div id = "menu"></div>
      <div id = "mainContent"></div>
      <div id = "footer"></div>
    </div>
</body>
</html>
```

4. import 引用的 CSS

使用@import 也可以引用外部 CSS 文件,将实验 2 的页面代码更改为此方式的具体代码如下。

```
<!DOCTYPE html>
<html>
<head>
    <meta charset = gb2312" />
        <style type = "text/css">
      @import "layout.css"
</style>
</head>
<body>
    <div id = "container">
      <div id = "header"></div>
      <div id = "menu"></div>
      <div id = "mainContent"></div>
      <div id = "footer"></div>
    </div>
</body>
</html>
```

使用这种方法也可以将多个 CSS 文件引入到同一个 HTML 页面中。

实验 4：利用 CSS 定位页面元素

实验要求：

图 8-6 是一幅油画欣赏的素材。通过对其运用 CSS 属性，将该素材内容设计为网页显示。

油画欣赏

风景油画是以自然景物为描绘对象，用油画材料进行绘画创作. 早期的绘画并没有这一独立的门类，风景油画只是在一些人物画中以背景或陪衬的形式出现. 直至文艺复兴以后的 16 世纪，风景画才作为独立的绘画体裁出现于欧洲画坛，并得到极大发展.

图 8-6 油画欣赏素材

实验分析：

在使用 CSS 进行页面元素的定位中，所有页面中的元素都可以看成是一个盒子，占据着一定的页面空间。通常可以通过调整盒子的边框和距离等参数，来调节盒子的位置。一个盒子模型由 content（内容）、border（边框）、padding（间隙）和 margin（间隔）这 4 个部分组成。如果将盒子模型比作展览馆里展出的一幅幅画，那么 content 就是画面本身，padding 就是画面与画框之间的留白，border 就是画框，而 margin 就是画与画之间的距离。

这个案例中，首先对标题使用居中及背景色等样式定义，突出标题的显示。对于段落使用行间距的段落设计，使文字读起来清晰流畅。图片的效果处理是该案例中增色的一个地方。将图片嵌入到 DIV 层中，然后恰当地利用边框加粗，边框样式，以及 padding 的留白作用，将普通的图片营造出墙饰油画的效果。

实验步骤：

根据给定的素材进行页面内容的设计和修饰。

步骤 1：创建页面结构，完成内容的基本布局

根据效果图中的内容，按照先后顺序进行元素内容的创建。从上到下由标题、段落、图片三种元素组成，建立的 HTML 文件如下。

```
<!DOCTYPE html>
<html>
<body>
    <h3>油画欣赏</h3>
    <p>风景油画是以自然景物为描绘对象，用油画材料进行绘画创作.早期的绘画并没有这
        一独立的门类，风景油画只是在一些人物画中以背景或陪衬的形式出现.直至文艺
        复兴以后的 16 世纪，风景画才作为独立的绘画体裁出现于欧洲画坛，并得到极大
        发展.
    </p>
    <div class = "block1"><img src = "1.jpg" border = "0"></div>
    <div class = "block1"><img src = "2.jpg" border = "0"></div>
</body>
</html>
```

在使用 CSS 排版的页面中，<div>与<span>是两个常用的标记，利用这两个标记，加上 CSS 对其样式的控制，可以很方便地实现各种效果。<div>简单而言是一个区块容器标记，即<div>与</div>之间相当于一个容器，可以容纳段落、标题、表格、图片，乃至章节、摘要和备注等各种 HTML 元素。因此，可以把<div>与</div>中的内容视为一个独立的对象，用于 CSS 的控制。声明时只需要对<div>进行相应的控制，其中的各标记元素都会因此而改变。在本例中，对两幅图片使用了两个独立的 div 层进行控制。

步骤 2：实施 CSS 的控制

1）定义标题样式

标题在 HTML 中由<h3>标记，因此在 CSS 中对 h3 标记实施控制。从效果图中可以看出，标题居中，加有蓝色背景，边框为虚线。其 CSS 如下。

```
h3{text - align:center; background - color:#a5d1ff; border:1px dotted #222222; }
```

2）定义段落样式

段落由<p>标记定义，对段落进行了段首缩进，段落左对齐的 CSS 定义。

```
p{text - indent:25px;text - align: left;}
```

3）定义图片的显示效果样式

为图片添加的画框效果可充分利用 CSS 盒子模型中所涉及的 margin 属性、border

属性以及 padding 属性等实施。margin 属性主要规定了外边距的效果,因此,对 margin 属性的定义主要来调整两幅图片之间以及图片和上边段落之间的距离；border 定义边框的属性,利用 border 属性的样式取值和边框的宽度实现了油画框的效果；最后 padding 主要是指元素的内边距,因此,对 padding 的值设置实际上控制了图片和边框之间的留白区域,达到了艺术的效果。

```
.block1{padding:10px; margin-left:30px; margin-right:30px;
        border: #f13c96 18px ridge; float:left; }
```

步骤 3：运行效果

运行效果如图 8-7 所示。

油画欣赏

　　风景油画是以自然景物为描绘对象,用油画材料进行绘画创作。早期的绘画并没有这一独立的门类,油画风景只是在一些人物画中以背景或陪衬的形式出现。直至文艺复兴以后的16世纪,风景画才作为独立的绘画体裁出现于欧洲画坛,并得到极大发展。

图 8-7　CSS 定位页面元素的效果

实验 5：用 DIV＋CSS 布局网页结构

实验要求：

图 8-8 是使用 DIV＋CSS 布局方法布局的一家企业网站的主页面,请根据前面的分析过程给予逐步的实现。

实验分析：

网页制作的第一步,一般是由设计人员根据客户的需求和提供的内容制作出网页效果图,这是最为基础的一步。效果图既要满足客户的要求,还要符合用户访问的需要。从内容上,要把各种信息进行合理的布局,并且将重点突出地展现给用户；从形式上,要简单大气,尽可能吸引用户的注意力。

图 8-8 展示的页面从整体上来看是"上中下"的布局模型。其头部部分包含网站的 Logo 和导航条,在实现上可以用左右两个 div 层布局,并利用左右浮动进行定位；下面

图 8-8　企业网站主页布局

是一张精美的图片作 banner,起到了美化网页的作用。同时,该图片也使用了一个 div 标记来实现定位的作用;中间部分是左右分开的两部分内容页,分别使用独立的 DIV 层进行控制;左侧内容使用了一列图片链接的形式,可采用列表实现。底部为版权信息内容,同样使用独立的 DIV 层进行控制。

除了上述对整体布局的划分,还要考虑颜色、字体、字号等多方面的 CSS 控制问题,以达到整体效果的协调统一。在常规的页面布局中,经常用到以下 CSS 属性。

(1) 使用 margin:0 auto 代表上下边距为 0,将该属性设定用于 body 标记的 CSS 定义中,可以使得页面位居屏幕中间。用于 div 标记中,则可使 DIV 层自动居中。

(2) 文字或图片的左右居中直接用 text-align:center 即可。文字垂直居中就要靠设置行高方法居中文字内容,通过使用 CSS 属性类样式 line-height 可以实现文字与图片的垂直居中。

(3) 使用背景图片时,repeat/no-repeat/repeat-x/repeat-y 分别表示填充满整个层/不填充/沿 X 轴填充/沿 Y 轴填充等不同的填充方式。

(4) 使用列表进行新闻显示时,list-style:none 这个属性可取消列表前的点。

(5) 使用超链接时,利用 a:link,a:visited,a:hover 可实现链接中、链接时、链接后等不同的效果。

实验步骤:

根据上面的分析,首先定义页面的基本结构。

步骤 1：创建页面结构，完成内容的基本布局

在布局网页的时候，遵循自顶向下，从左到右的原则。对于效果图中排版的顺序应该是 Logo，导航，banner，左侧图片链接，左侧新闻公告，底部版权栏。对于这种结构的布局，可以使用 DIV 层搭建主结构，主体代码如下。

```
< div id = "container">
    < div id = "header">头部区域
        < div id = "menu">导航区域</div>
    </div>
    < div id = "banner"> banner 区域</div>
    < div id = "pagebody">页面主体
      < div id = "sidebar">左部内容</div>
      < div id = "mainbody">主体内容</div>
    </div>
    < div id = "footer">底部区域</div>
</div>
```

步骤 2：定义全局的 CSS 样式

全局的 CSS 文件主要规定了网站的统一视觉效果。例如，基本的页面宽度、网页背景色、默认字体风格，以及主体结构的相对位置等。在 css.css 文件中，依次对网页的基本样式、头部、导航、内容和底部进行了定义。基本信息部分主要用于网站的全局默认风格的定义。主要包含页面背景颜色、超链接、字体、字号、字间距等样式定义。这部分信息主要针对 body 标记和 a 标记进行。

```
body{font:12px Tahoma;margin:0px;text - align:center;background: #FFF;}
a:link,a:visited {font - size:12px;text - decoration:none;}
a:hover {text - decoration: underline; color: #111;}
```

步骤 3：定义各 DIV 层的 CSS 样式

1）定义页面层容器

主要定义了层的宽度、高度，以及层上下边界为 10 像素，左右居中。

```
#container {width:900px;height:600px;margin:10px auto;}
```

2）定义头部区域的样式

头部内容主要给页面头部设置了头部的背景图片，层的属性又可以让层根据内容自动设定调整，因此不需要指定高度。

```
#header {background:url(images/logo.gif) no - repeat;}
```

对于导航区域,为使菜单与外部之间有一定的间距,定义 padding 属性值为 20 像素。

```
#menu {padding:20px 20px 0 0;}
```

从效果图中看,菜单项之间还有竖线分隔,定义 menuDiv 实现这种效果。

```
.menuDiv {width:1px;height:28px;background:#999;}
```

3) 定义 banner 区域的样式

该网站的 banner 栏使用了一张制作好的背景图片显示。在主体结构中使用了一个 DIV 层进行控制,并设置层的 CSS 样式,主要控制其宽度、高度、居中显示。同时把 banner 的图片加入为该层的背景图片,并且不做填充。应注意的是,为防止图片作为背景后大小不匹配,图片处理时要求和层的高度和宽度匹配。

```
#banner{ margin:0 auto;background:url(images/banner.jpg) 0 30px no-repeat;
        width:897px;height:345px;border-bottom:5px solid #EFEFEF;clear:both;}
```

4) 定义内容区域的样式

首页中间部分的布局是将中间主体内容分为左右两个部分。其中,左边放置图片链接形式的内容,右边放置新闻公告的内容。总体中间区域布局的划分使用了嵌套 DIV 的形式。

```
#pagebody { width:897px; margin:8px auto;background:#FFFFFF;}
```

#pagebody 这里主要设定了主内容区域的宽度,背景颜色为白色,外边界上下边界为 8 像素,居中显示。

5) 定义底部区域的样式

底部区域定义了宽度、居中、高度、背景颜色、文字颜色、行高等基本属性。

```
#footer {width:900px;margin:0 auto;height:50px;background:#0E3717;
        color:#FFFFFF;line-height:50px;}
```

步骤 4:添加正文,再细化新闻显示的 CSS 样式

1) 导航的实现

导航区域使用了标准的横向导航栏,可以在导航 div 中利用列表标记加入栏目名称作为导航内容实现。为实现导航效果中的细线分隔,在每个 li 标记之间加入< li class="menuDiv"></li>以实现细线分隔效果。

```
<-- 导航开始 -->
< div id = "menu">
    < ul >
        < li >< a href = "＃">首页</a></li>
        < li class = "menuDiv"></li>
        < li >< a href = "＃">公司简介</a></li>
        < li class = "menuDiv"></li>
        < li >< a href = "＃">产品中心</a></li>
        < li class = "menuDiv"></li>
        < li >< a href = "＃">服务网络</a></li>
        < li class = "menuDiv"></li>
        < li >< a href = "＃">在线订单</a></li>
        < li class = "menuDiv"></li>
        < li >< a href = "＃">关于</a></li>
    </ul>
</div><! -- 导航结束 -->
```

对其 CSS 的控制实现如下所示。

```
＃menu ul {float:right;list-style:none;margin:0px;}
＃menu ul li {float:left;display:block;line-height:30px;margin:0 10px;}
＃menu ul li a:link, ＃menu ul li a:visited {font-weight:bold;color:#666;}
＃menu ul li a:hover{}
```

菜单使用无序列表的形式。由于菜单位于头部右侧,因此 ul 的样式使用 float:
right 向右浮动。

列表默认都是垂直显示的,因此列表 li 的样式使用 float:left 向左浮动属性使内容
都在同一行显示,这时列表内容紧密排列在一行,可以在 ＃menu ul li {} 中再加入代码
margin:0 40px;使菜单项的间距增大,并使用 line-height 属性使文字居中。

2) 内容部分的实现

内容部分是左右结构。左侧是图标类型的快捷操作区,右侧是新闻列表。在实现
上,左侧是图标类型的快捷操作区,由图片<img>标记组成。具体代码如下。

```
< div id = " sidebar">
    < img src = "images/pro1.jpg" width = "116" height = "73" />
    < img src = "images/pro2.jpg" width = "75" height = "73" />
    < img src = "images/pro3.jpg" width = "135" height = "71" />
    < img src = "images/pro4.jpg" width = "76" height = "72" />
</div>
```

该层的♯sidebar 主要定义了左部占有的宽度,使用"text-align:left"设定文字的左对齐,"loat:left"实现向左浮动,而"clear:left"使得不允许其左侧存在浮动,同时限定了div 的边框为 1 像素的实线。

```
# sidebar {width:450px; text - align:left; float:left;clear:left;
          overflow:hidden;border:1px solid # FFFFFF;}
```

右侧为新闻列表,使用了多个 DIV 层的实现方法。具体代码如下。

```
< div id = " mainbody">
    < img src = "images/menu1.gif" height = "29" />
    < div class = "news">金朝阳(00878)全年赚 17.3 亿元升 64 %,派港股通</div>
    < div class = "news">金朝阳陶瓷 2011 年优秀经销商年会盛大召开</div>
    < div class = "news">关于金朝阳 360 三维展厅展示软件重新下载的通知</div>
</div >
```

该层的♯ mainbody 主要定义了右部占有的宽度,其中,"float:right"实现向右浮动。

```
# mainbody {width:400px;text - align:left;float:right; clear:right;
           overflow:hidden;border:1px solid # FFFFFF;}
```

在这里,对每一条新闻都定义了一个名称为 news 的 CSS 样式。该样式主要定义新闻公告的显示字体、链接等内容。具体代码参考源代码。

```
.news{line - height:22px;color: # 666666;}
```

8.2　理论解答题

1. 单项选择题

(1) CSS 主要利用(　　)标记构建网页布局的。

    A. < dir >　　　　　B. < div >　　　　　C. < dis >　　　　　D. < dif >

(2) 在 CSS 语言中,(　　)是设置"左边框"的语法。

    A. border-left-width:<值>　　　　　B. border-top-width:<值>

    C. border-left:<值>　　　　　D. border-top-width:<值>

(3) 在 CSS 语言中,(　　)的适用对象是"所有对象"。

    A. 背景附件　　　B. 文本排列　　　C. 纵向排列　　　D. 文本缩进

(4) 下列选项中不属于 CSS 文本属性的是(　　)。

    A. font-size   B. text-transform

    C. text-align   D. line-height

(5) 在 CSS 中不属于添加在当前页面的形式是(　　)。

    A. 内联式样式表   B. 嵌入式样式表

    C. 层叠式样式表   D. 链接式样式表

(6) 在 CSS 语言中,(　　)是"列表样式图像"的语法。

    A. width：<值>   B. height：<值>

    C. white-space：<值>   D. list-style-image：<值>

(7) (　　)是 CSS 正确的语法构成。

    A. body：color＝black   B. {body；color；black}

    C. body {color：black；}   D. {body：color＝black(body}

(8) (　　) 属性是用来更改背景颜色的。

    A. background-color：   B. bgcolor：

    C. color：   D. text：

(9) 下列选项中,给所有的<h1>标记添加背景颜色的是(　　)。

    A. .h1 {background-color：#FFFFFF}

    B. h1 {background-color：#FFFFFF；}

    C. h1.all {background-color：#FFFFFF}

    D. #h1 {background-color：#FFFFFF}

(10) (　　)属性可以更改样式表的字体颜色。

    A. text-color＝   B. fgcolor：   C. text-color：   D. color：

(11) (　　)属性可以更改字体大小。

    A. text-size   B. font-size   C. text-style   D. font-style

(12) 下列代码中,能够定义所有 p 标记内文字加粗的是(　　)。

    A. <p style＝"text-size：bold">   B. <p style＝"font-size：bold">

    C. p {text-size：bold}   D. p {font-weight：bold}

(13) 下列选项中,能够去掉文本超链接的下画线的是(　　)。

    A. a {text-decoration：no underline}   B. a {underline：none}

    C. a {decoration：no underline}   D. a {text-decoration：none}

(14) 下列选项中,能够设置英文首字母大写的是(　　)。

    A. text-transform：uppercase   B. text-transform：capitalize

    C. 样式表做不到   D. text-decoration：none

（15）（　　　）属性能够更改文本字体。

    A. f：

    B. font＝

    C. font-family：

    D. text-decoration：none

（16）（　　　）属性能够设置文本加粗。

    A. font-weight：bold

    B. style：bold

    C. font：b

    D. font＝

（17）（　　　）属性能够设置盒模型的内补丁为 10、20、30、40（顺时针方向）。

    A. padding：10px 20px 30px 40px

    B. padding：10px 1px

    C. padding：5px 20px 10px

    D. padding：10px

（18）（　　　）属性能够设置盒模型的左侧外补丁。

    A. margin：

    B. indent：

    C. margin-left：

    D. text-indent：

（19）下列选项中，能够定义列表的项目符号为实心矩形的是（　　　）。

    A. list-type：square

    B. type：2

    C. type：square

    D. list-style-type：square

2. 多项选择题

（1）在 CSS 语言中，（　　　）是背景图像的属性。

    A. 背景重复

    B. 背景附件

    C. 纵向排列

    D. 背景位置

（2）CSS 中的选择器包括（　　　）。

    A. 超文本标记选择器

    B. 类选择器

    C. 标记选择器

    D. ID 选择器

（3）CSS 文本属性中，文本对齐属性的取值有（　　　）。

    A. auto   B. justify   C. center

    D. right   E. left

（4）CSS 中 BOX 的 padding 属性包括的属性有（　　　）。

    A. 填充   B. 上填充   C. 底填充

    D. 左填充   E. 右填充

（5）CSS 中，盒模型的属性包括（　　　）。

    A. font   B. margin   C. padding

    D. visible   E. border

（6）下面关于 CSS 的说法正确的是（　　　）。

    A. CSS 可以控制网页背景图片

　　B. margin 属性的属性值可以是百分比

　　C. 整个 BODY 可以作为一个 BOX

　　D. 对于中文可以使用 word-spacing 属性对字间距进行调整

　　E. margin 属性不能同时设置 4 个边的边距

（7）下面关于 CSS 的说法正确的是(　　)。

　　A. CSS 可以控制网页背景图片

　　B. margin 属性的属性值可以是百分比

　　C. 字体大小的单位可以是 em

　　D. 1em 等于 18 像素

（8）边框的样式可以包含的值包括(　　)。

　　A. 粗细　　　　　　　　　　　　B. 颜色

　　C. 样式　　　　　　　　　　　　D. 长短

8.3　学生实验

1. 参照本章实验结合给定素材利用 DIV＋CSS 布局建立如图 8-9 所示的个人网站。

图 8-9　个人网站效果图

2．根据给定素材，完成如图 8-10 所示的个人博客网站。

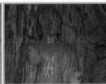
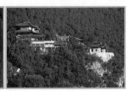

图 8-10　博客页面效果图

## 第 9 章

JavaScript 基础

本章通过几个连续性的实验,循序渐进地讲述如何在网页中引入 JavaScript(JS)代码,完成和网页元素的基本交互。和其他语言相比,JavaScript 语言是一种解释性的、事件驱动的、面向对象的、安全的和与平台无关的脚本语言。它的特点在于它是针对网页元素进行编程,是动态 HTML(也称为 DHTML)技术的重要组成部分,广泛用于动态网页的开发。

本章实验将学习:

(1) 如何在页面中嵌入 JavaScript 代码。

(2) JavaScript 程序编写的基本语法知识。

(3) 编写直接运行的 JavaScript 代码。

(4) 编写基于事件的 JavaScript 代码。

(5) 常用对象的属性和方法的使用。

实验目标:

(1) 了解如何在页面中嵌入 JavaScript 代码。

(2) 掌握 JavaScript 的基本语法,能够编写出符合要求的程序。

(3) 熟悉常用对象的属性和方法,并能应用到程序当中解决问题。

(4) 理解事件响应机制,熟悉常见事件,能够编写事件处理程序。

(5) 按照标准设计 JavaScript 代码。

9.1 讲述与示范

正像浏览器能够认识基于 W3C 编写的 HTML 页面,将页面中的标记转化为可见的页面元素显示在浏览器中一样,浏览器也认识包括在< script >标记中的代码,也能解释并运行它们。

实验 1：认识 JavaScript

在这个实验中,要求完成一个将表格定位在窗口中央的任务。这看起来是一个非常简单的实验。但通过下面一步一步的分析和演示会发现,做好它也不是一件简单的事情。这涉及什么是好的 JavaScript 代码的标准问题。

实验要求：

在加载页面时,将如图 9-1 所示的页面内容定位在浏览器窗口中央。

图 9-1　一个登录界面

该页面代码见程序 9-1.html。

```html
<! -- 程序 9 - 1 -->
< html >
< head >
< title >实验 1 </title>
</head>
< body >
< form id = "loginForm" name = "loginForm">
< table id = "loginArea" width = "300" >
    < tr >
      < th colspan = "2" align = "center">用户登录</td>
    </tr>
    < tr >
      < td width = "50" height = "28" align = "right">用户名</td>
      < td >< input id = "userName" name = "userName" type = "text"></td>
    </tr>
    < tr >
      < td align = "right">密    码</td>
```

```
    < td >< input id = "pwd" name = "pwd" type = "password"></td>
  </tr>
  < tr >
    < td align = "right"></td>
    < td >
      < input type = "button" id = "btlogin" value = "登录" >
      < input type = "button" id = "btreset" value = "取消" >
    </td>
  </tr>
 </table >
</form >
</body >
</html >
```

实验分析：

任务是要求将这个页面内容显示在浏览器窗口中央。针对程序代码 9-1. html 分析可以看到，这是一个用表格实现的登录表格。要想实现将这个表格定位在窗口中央，仅仅简单地使用< table >标记的 align 属性设置为 center 是达不到完全(包括垂直)居中的目标的，最佳的做法是移动表格，而移动表格可以利用 JavaScript 代码将表格左上角的坐标定位在合适的位置即可。这个新位置的坐标可以通过下面的数学公式来获得。

```
newX = (viewWidth - tableWidth)/2;
newY = (viewHeight - tableHeight)/2;
```

其中，公式中的变量说明如下。

newX 和 newY：表格左上角在浏览器窗口中的新的定位。

tableWidth：表格的宽度。

tableHeight：表格的高度。

viewWidth：浏览器可见窗口的宽度。

viewHeight：浏览器可见窗口的高度。

当然，上面的公式也有不完善的地方，就是假定浏览器可见窗口的尺寸总是大于表格的尺寸；如果不是，则计算出的是一个负值，在这种情况下，直接将坐标设为 0 即可。至此，新的计算公式如下面所示。

```
newX = viewWidth > tableWidth?(viewWidth - tableWidth)/2:0;
newY = viewHeight > tableHeight?( viewHeight - tableHeight)/2:0;
```

针对这个新坐标的计算公式，余留的问题就是如何获得表格的尺寸和浏览器窗口的尺寸。

获得表格的尺寸比较简单，可以利用表格对象的属性 clientWidth 和 clientHeight 来获得。

```
var tbl = document.getElementById("loginArea"); //获得表格对象
var tableWidth = tbl.clientWidth;
var tableHeight = tbl.clientHeight;
```

而浏览器窗口（不包括标题栏、工具栏、滚动条等内容）尺寸的获得则没有这么简单，因为浏览器版本不同，获取的方法也不一样。基本规则如下。

（1）在 IE4、IE5 和没有声明 DOCTYPE 的 IE6 中，窗口的这一信息保存在 body 元素中，可以用 document. body. offsetWidth 和 offsetHeight 获取。

（2）在声明了 DOCTYPE 的 IE6 中，窗口的这一信息保存在 document. documentElement 中，可以用 document. documentElement. clientWidth 和 clientHeight 获取。

（3）除了 IE 以外的所有浏览器都将此信息保存在 window 对象中，可以用 window. innerWidth 和 window. innerHeight 获取。

因此，下面的表达式可以用来获得一个浏览器窗口可用尺寸。

```
var viewWidth = (window.innerWidth) ? window.innerWidth :
                    (document.documentElement&&
                        document.documentElement.clientWidth)?
                    document.documentElement.clientWidth :
                    document.body.offsetWidth;
var viewHeight = (window.innerHeight) ? window.innerHeight :
                    (document.documentElement&&
                        document.documentElement.clientHeight) ?
                    document.documentElement.clientHeight :
                    document.body.offsetHeight;
```

这个表达式看起来复杂，它的含义是如果 window. innerWidth 这个属性不可用，则表示当前浏览器是 IE 浏览器，那么窗口尺寸的获得不能使用这个属性，需要通过继续判断 IE 浏览器的版本来决定是使用 document. documentElement. clientWidth 还是 document. body. offsetWidth 属性来获得。

有了浏览器窗口和表格的尺寸，那么上述表达式就可以计算出新的坐标，剩下的问题就是利用 JavaScript 代码来编写程序了。

在一个 HTML 的网页中嵌入 JavaScript 代码，需要使用< script >标记。

```
< script type = "text/javascript">
    //中间是 JavaScript 代码
</script>
```

这个标记里，script 是标记，type 说明了语言类型。浏览器碰到这个标记，就会开始用 JavaScript 解释器解释后面的代码，直到碰到结束标记</script>。

根据上面的分析，要想使得这个登录表格打开时出现在窗口中央，就需要经过计算获得表格左上角新的坐标位置，然后移动这个表格。下面是添加了< script >标记的代码。

```
<! -- 程序 9 - 1 -->
<! DOCTYPE html >
< html >
        <! -- 此处省略了页面代码 -->
</html >
< script type = "text/javascript">
    var viewWidth = (window. innerWidth) ? window. innerWidth :
     (document. documentElement && document. documentElement. clientWidth) ?
     document. documentElement. clientWidth : document. body. offsetWidth;
    var viewHeight = (window. innerHeight) ? window. innerHeight :
     (document. documentElement && document. documentElement. clientHeight) ?
     document. documentElement. clientHeight : document. body. offsetHeight;
    var tbl = document. getElementById("loginArea"); //获得表格对象
    var tableWidth = tbl. clientWidth;
    var tableHeight = tbl. clientHeight;
    var newX = viewWidth > tableWidth?(viewWidth - tableWidth)/2:0;
    var newY = viewHeight > tableHeight?( viewHeight - tableHeight)/2:0;
    tbl. style. position = "absolute";
    tbl. style. posLeft = newX;
    tbl. style. posTop = newY;
</script >
```

注意这段代码，< script >标记放在了< html >标记之后，这主要是要等待浏览器把页面显示完成后，才能开始计算坐标，否则不能正确得到浏览器窗口和表格的尺寸。

在得到表格左上角新的坐标 newX 和 newY 后，程序中利用下面的几条语句实现了表格定位。

```
tbl. style. position = "absolute";
tbl. style. posLeft = newX;
tbl. style. posTop = newY;
```

至此，这个程序完成了表格显示居中的要求。通过这个程序分析和实现可以看出，程序实际上就是把任务分析得到的算法用计算机可以识别的语言重写一遍。

在这个程序中，为了计算新的坐标，需要浏览器的尺寸和表格的尺寸，那么程序就声明了 4 个变量分别暂时保存获得的尺寸值。然后再代入后面的公式中，这就是变量的作用，用来保存计算所需要的临时值。

实验 2：创建自定义函数

程序 9-1 虽然实现了表格居中显示的要求，但是这个程序写得并不好。原因在于，它直接嵌入到了页面代码中，当其他程序并不需要在页面加载时就直接居中，那么这样直接嵌入的代码就不适合了。因此，更多的时候，会将这样的代码置入一个函数中方便随时调用。

```
function 函数名([参数 1,][参数 2,][ …参数 N]) {
    函数体;
}
```

函数代表了一个独立的功能，它是由若干条语句集组成的。调用函数就意味着要执行函数所包括的语句。例如，下面的函数 init() 就把程序 9-1 中的 JavaScript 代码放在一起来使用。

```
<!-- 程序 9-2 -->
<!DOCTYPE html>
<html>
<head>
<title>实验 1</title>
<script type = "text/javascript">
function init(){
  var viewWidth = (window.innerWidth) ? window.innerWidth :
    (document.documentElement && document.documentElement.clientWidth) ?
      document.documentElement.clientWidth : document.body.offsetWidth;
  var viewHeight = (window.innerHeight) ? window.innerHeight :
    (document.documentElement && document.documentElement.clientHeight) ?
    document.documentElement.clientHeight : document.body.offsetHeight;
  var tbl = document.getElementById("loginArea"); //获得表格对象
  var tableWidth = tbl.clientWidth;
  var tableHeight = tbl.clientHeight;
  var newX = viewWidth > tableWidth?(viewWidth - tableWidth)/2:0;
  var newY = viewHeight > tableHeight?( viewHeight - tableHeight)/2:0;
  tbl.style.position = "absolute";
  tbl.style.posLeft = newX;
```

```
        tbl.style.posTop = newY;
    }
</script>
</head>
<body onload = "init()">
        <!-- 此处省略了页面代码 -->
</body>
</html>
```

注意上述的代码,和程序 9-1 相比,有以下的变化。

(1) 使表格居中的代码全部放入了一个名为 init 的函数中,而且位置移到了<head>标记内。

(2) 在<body>标记中定义了 onload 事件句柄,表示当页面加载完成后执行 init 函数。

这样的改动,使得页面的结构更加清晰。但是这样把居中代码全部放入一个 init 的函数中并不是一个好的主意。首先,函数并不能清楚地表达它所要完成的功能;其次,函数过于局限在一个页面,如果有其他的表格或者对象需要居中,这个代码就不适用了,因为代码中间直接使用了页面具体的信息,如特定的 id。因此,可以继续改动,使得它们能够适用更多的情况,参考程序 9-3。

```
<!-- 程序 9-3 -->
<!DOCTYPE html>
<html>
<head>
<title>实验 1 </title>
<script type = "text/javascript">
//返回浏览器可用窗口的的宽度和高度
function getViewWidth(){
    var viewWidth = (window.innerWidth) ? window.innerWidth :
        (document.documentElement && document.documentElement.clientWidth) ?
            document.documentElement.clientWidth : document.body.offsetWidth;
    return viewWidth;
}
function getViewHieght(){
    var viewHeight = (window.innerHeight) ? window.innerHeight :
        (document.documentElement && document.documentElement.clientHeight) ?
        document.documentElement.clientHeight : document.body.offsetHeight;
    return viewWidth;
}

function centerObject(id){
    var viewWidth = getViewWidth();
```

```
    var viewHeight = getViewHieght();
    var tbl = document.getElementById(id);
    //此处省略了同程序 9-2 相同的部分代码
}
</script>
</head>
< body onload = "centerObject('loginArea')">
        <! -- 此处省略了页面代码 -->
</body>
</html>
```

和程序 9-2 比较,这个程序将 init()函数分成了多个函数。其中,getViewWidth()函数和 getViewHieght()函数用于获得当前浏览器可用窗口的尺寸,通过把它们独立成为函数,虽然代码简单,但是函数的职责更加清晰,而另一个 centerObject(id)函数则集中于使一个对象居中显示,这样不同的函数各司其职,共同完成了使一个页面元素居中的要求。

另外,函数 centerObject 采用了和具体显示无关的方法。centerObject()函数在声明时,声明了一个形式参数 id,用来表示准备居中显示的对象的 id,这个 id 在 onload 事件句柄定义时明确了具体的需要居中的对象。这样函数 centerObject()代码中就没有了和某个具体对象关联的语句,只是根据外界调用时传递来的 id 来获得需要居中显示的对象。

通过这样的函数,可以看出在编写程序时创建函数的主要目的,那就是函数主要是为代码复用服务的。定义一个函数时除了遵循主教材中讲述的语法外,还要考虑下面的一些要求。

(1) 函数的功能应当尽可能清晰,代码集中于实现这样的目标;

(2) 函数的规模,也就是语句条数不要太多,实践中倾向于一页纸能够写完;

(3) 函数的代码中尽量不要出现和页面具体元素有关的信息,这个必需的信息可以通过函数的形式参数来引入,从而保持函数的独立性和可复用性。

实验 3:建立外部 JS 文件

虽然程序 9-3 中的函数已经有了很大的改进,但是它只能被包含它的页面使用,如果其他页面也需要使用,就需要进行代码复制。为了能够使得更多的页面使用这些具有特殊功能的函数,实践中会把它们独立到一个文件中存放,然后再引入到页面中。

建立一个扩展名为 js 的文本文件,把程序 9-3 中< script >标记中的代码复制过来,
保存到和页面同一个目录下面。类似下面的格式。

```
//获得浏览器可用窗口尺寸
function getViewWidth(){
    //这里省略了程序 9－3 中的代码
}
//将指定 id 的页面元素显示在窗口中央
function centerObject(id){
    //这里省略了程序 9－3 中的代码
}
```

注意,在 JS 文件中,并不需要< script >标记来说明。

有了这个文件,程序 9-3 就不需要同样的代码了,只需要在< script >上通过 src 属
性引入这个文件就可以了。修改后的程序 9-4 变动代码如下。

```
<!－－程序 9－4－－>
<!DOCTYPE html >
< html >
< head >
    < title >实验 1</title>
    < script src = "9－4.js" type = "text/javascript">
    </script >
</head >
< body onload = "centerObject('loginArea')">
    <!－－此处省略了和程序 9－3 一样的代码－－>
</body >
</html >
```

有了 src 属性后,需要指出的是< script >和</script >标记对之间不能再出现任何
代码,因为它将被忽略。如果需要嵌入其他的代码,可以继续添加一对新的< script >
标记。

实验 4：对象创建与复制

能够响应用户的请求,进行事件处理是提高用户可用性的主要工作。例如,可以在
用户输入单词时提供单词可选功能,隐藏某些不必要的信息而只保留一个标记,当用户
指向这个标记时,动态地显示隐藏的信息等。

W3C 为 HTML 的很多对象规定了不同的事件,例如对一个按钮就提供了诸如单

击、拖曳、粘贴等诸多事件接口供开发者使用。掌握事件编程的基础是要了解不同页面元素预定义的事件有哪些，同时还要掌握如何给事件定义事件处理器。

JavaScript 的事件定义机制主要有以下两种。

（1）直接在 HTML 标记中静态指定，例如：

```
< input type = "button" onclick = "login()" value = "登录">
```

这里当鼠标单击按钮事件 onclick 发生时，指定事件处理程序是 login()函数。

（2）在 JavaScript 中动态指定。

例如，取消程序 9-4 在< body >标记中的 onload 事件定义，改之以下面的方式。

```
< script src = "9 - 4. js" type = "text/javascript"></script >
< script type = "text/javascript" >
    window. onload = function(){centerObject('loginArea');};
</script >
```

通过给一个对象的事件句柄定义一个函数的形式，指定当事件发生时要做的事情。这种方式和上面在标记中直接定义的方式相比，这种动态定义的方式增加了页面阅读的复杂度，但是通过在页面代码中将显示和行为分离，当需要修改行为代码时，不会干涉页面表现代码，提高了页面的可维护性，这种复杂性还是值得尝试的。

下面通过一个简单的事件处理实验，来演示 JavaScript 在事件处理中的基本应用方法。

实验要求：

根据下面的页面代码 9-5，参见图 9-2。完成当单击"＞＞"按钮时，将左边列表框中选中的元素复制到右边列表框中，同时将左边列表框中选中的元素删除。

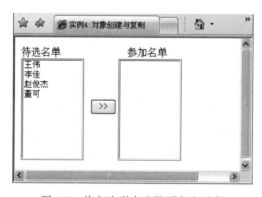

图 9-2　从左边列表选择到右边列表

下面是对应于图 9-2 的程序 9-5。

```
<!--程序 9-5-->
<!DOCTYPE html>
<html>
<head>
<title>实验 4：对象创建与复制</title>
<style>
    #mainArea{width:286px;float:left}
    #mainArea select {margin: 0 0 3px;width:100px;}
    #left{float:left;width:120px;}
    #center{margin:0 0px;float:left;margin-top:80px;}
    #right{ float:right;width:120px; }
    input{width:40px;padding:1px;margin:3px;}
</style>
</head>
<body>
<div id="mainArea">
  <div id="left">
        待选名单<br>
        <SELECT id="employees" SIZE="10" tabindex="1">
                <OPTION VALUE="1">王伟
                <OPTION VALUE="2">李佳
                <OPTION VALUE="3">赵俊杰
                <OPTION VALUE="3">董可
            </SELECT>
    </div>
    <div id="center">
        <input type="button" id="btnSelect" value=">>" tabindex="2"/>
    </div>
    <div id="right">参加名单<br>
        <SELECT id="players" SIZE="10" tabindex="3"></SELECT>
    </div>
</div>
</body>
</html>
```

实验分析：

任务要求从左边列表中选择的元素信息转移至右边列表框中。从页面代码分析，两边均是一个<select>定义的列表，一个这样的列表，包含若干个 option 类型的元素，通常每个 option 都有一个文本类型（TEXT_NODE）的子节点作显示用。要想实现从左边转移到右边，可以分成以下几个步骤。

步骤 1：确定左边列表中选择的是哪一个<option>

要想知道左边列表框选中的是哪一个选项，首先要得到这个列表框对象，可以通过调用 document 对象的 getElementById( )方法来获得。

```
//参数 employees 是左边列表的 ID
var scrSelect = document.getElementById("employees");
```

有了列表对象,可以利用 select 对象的属性 selectedIndex 来得到被选中的选项的索引,这个索引是从 0 开始的,如果没有选中则这个属性的值是 -1。通过索引就可以得到对应的 option 节点,如下。

```
var selOpt = scrSelect.selectedIndex!= - 1?scrSelect.options[scrSelect.selectedIndex]:
null;
```

其中,options 是列表对象所拥有的 OPTION 类型节点的集合（数组）,利用 selectedIndex 索引,就可从集合中得到选中的选项对象,即 scrSelect. options [scrSelect. selectedIndex]。

步骤 2：复制左边列表框中的选择项到右边列表框

复制左边选中项到右边列表框,实际上是创建一个新的 OPTION 类型的元素,增加到右边列表框中,这个过程细分也要经过以下几步。

首先,创建一个 OPTION 类型的元素。

```
var newOption = document.createElement("option");
```

然后,设置该元素的 value 和左边选中项的 value 一致。

```
newOption.value = selOpt.value;
```

其次,创建一个文本节点,并指定它为这个新 OPTION 元素的子节点。

```
var opt_text = document.createTextNode(selOpt.text);
newOption.appendChild(opt_text);
```

这样一个和左边完全一样的 OPTION 节点就创建好了。所谓完全一样,也就是这个新的 OPTION 元素和左边选中的那个选项的 value 以及随后的文本完全一样。

最后,将这个新的 OPTION 节点对象增加到右边列表框就可以了。

```
var destSelect = document.getElementById("players");
destSelect.appendChild(newOption);
```

至此,右边的列表中已经出现了这个新创建好的 OPTION 节点,剩下的就是需要从左边列表框中删除已复制好的选项了。

利用一个对象的 cloneNode 方法可以更方便地复制对象。

步骤 3：从左边列表中删除选中的 < option >

```
scrSelect.removeChild(selOpt);
```

理解了上面的分析过程,这个复制列表框选项的程序就好些了。根据实验 1 的讲解,剩下的工作就是创建一个能够完成这个工作的函数,以及定义一个事件句柄将它们结合起来。

根据上面的分析过程,可以看出,完成这个实验要求掌握以下内容。

(1) 熟悉列表框对象的属性和方法;

(2) 掌握动态创建、删除对象的过程;

(3) 理解事件处理机制。

在分析过程中提到,当选择复制事件发生时,可以提供一个复制函数供定义事件处理句柄。参照实验 2 有关函数定义的要求,为了做到一定的复用,函数中最好不要出现和具体页面元素有关的内容,分析上面的复制过程,可以看到和页面具体相关的就是两个列表框的 id 了,可以将它们作为参数由外界调用时传递进来比较好,下面就是完整的复制列表选中项的函数。

```
/* 函数功能: 从 src 源列表框中复制选定的 OPTION 到 dest 列表框
 * 参数: src 引用源列表框对象
 *       dest 引用目的列表框对象
 */
function cpoyElement(src,dest){
    var scrSelect = document.getElementById(src);
    //获得左边列表框中的选中项
    var selOpt = scrSelect.selectedIndex!= - 1?
                      scrSelect.options[scrSelect.selectedIndex]:null;
    //如果没有选中任何选项,直接退出
    if(selOpt == null) return;
    //创建一个空的 OPTION 类型的元素,并复制选中项的 value
    var newOption = document.createElement("option");
    newOption.value = selOpt.value;
    //用选中项的文本创建一个文本节点,并把文本节点作为新选项对象的子节点
    var opt_text = document.createTextNode(selOpt.text);
    newOption.appendChild(opt_text);
    //通过 id 获得右边的列表框对象
    var destSelect = document.getElementById(dest);
    //将创建的选项节点作为右边列表框的子节点
    destSelect.appendChild(newOption);
    //从左边列表框中将选中的节点删除
    scrSelect.removeChild(selOpt);
}
```

对应程序 9-5 中修改按钮的单击事件，设置事件句柄如下。

```
< input type = "button" id = "btnSelect" value = ">>" tabindex = "2"
                        onclick = "cpoyElement('employees','players')"/>
```

实验 5：表单验证

form 表单是网页设计中一种重要的和用户进行交互的工具，它用于搜集不同类型的用户输入。一般来讲，在浏览器端对用户输入的内容进行有效性检查是非常有必要的（如必填项是否都有输入，输入的内容是否符合格式要求等），因为它可以减少服务器端的某些工作压力，同时也能充分利用浏览器端的计算能力，避免了由于服务器端进行验证导致客户端提交以后响应时间延长。通常的验证包括以下几种。

（1）必填项验证：用户是否已填写表单中的必填项目。

（2）有效性验证：检查输入的内容是否合法，如一个邮件地址是否符合规范，薪酬应当是数值等。

（3）语义验证：例如，一个人性别只能在男和女之间选择，百分制成绩只能在 0 和 100 之间等和业务有关的规则，不过这部分的验证更多地放在服务器端进行，在前端一般只做限制性输入。

实验要求：

下面的实验针对一个简单的用户注册要求进行验证，界面见图 9-3。

图 9-3　用户注册验证

（1）必填项验证：用户名、密码、重复密码、邮箱是必填项。

（2）有效性验证：

① 用户名不能以数字字符开始，只能以字母开始，且长度大于或等于 6 个字符，小于或等于 20 个字符；

② 密码和重复密码不能和用户名相同，且长度大于或等于 6 个字符，小于或等于 20 个字符；

③ 邮箱地址符合电子邮件地址的基本语法。

（3）语义验证：密码和重复密码必须相同。

实验分析：

必填项验证相对来说比较简单，只需要判断要求验证的内容是否为 null 或者为空字符串就可。如验证一个输入域对象 target 是否输入了内容，可以采用下面的判断。

```
if (target.value == null||target.value == "") {
  return false
} else {
  return true
}
```

首字符应当是字母而非数字以及长度的问题，都可以利用字符串的相关函数来判断。如判断一个字符不是数字可以简单地用这个字符的码值是否在 0 和 9 两个字符的码值之间判断即可。

```
if (ch >= "0"&&ch <= "9") {
  return false
} else {
  return true
}
```

对于 E-mail 地址的验证基本规则要求输入的数据必须包含@符号和点号(.)。同时，@不可以是邮件地址的首字符，并且@之后需有至少一个点号。可用下面的方法验证。

```
var apos = email.indexOf("@");
if(apos == -1){                  //没有发现@符号
    return false;
}
var dotpos = email.lastIndexOf(".");
if (dotpos - apos < 2) {         //@和点号之间没有字符存在
    return false;
}
```

根据上面的分析，下面的代码通过不同的函数分别实现了上述主要验证功能，参见程序 9-6.js。

```
//程序 9-6.js
//验证一个目标对象的 value 属性是否有内容
function validate_required(target){
    if (target.value == null||target.value == "") {
        return false;
    } else {
        return true;
    }
}
//验证两个字符串是否内容相同
function valid_string_equal(str1,str2){
    if(str1 == str2){
        return true;
    }
    return false;
}
//验证字符 ch 是否为数字字符
function valid_character(ch){
    if (ch >= "0"&&ch <= "9") {
        return false;
    } else {
        return true;
    }
}
//验证给定的字符串长度是否在给定的范围[min,max]内
function valid_length(str,min,max){
    if(str.length >= min&&str.length <= max){
        return true;
    } else {
        return false;
    }
}
//验证给定的 email 值是否符合地址规范
function validate_email(email){
    var apos = email.indexOf("@");
    if(apos == -1){
        return false;
    }
    var dotpos = email.lastIndexOf(".");
    if (dotpos - apos < 2) {
    return false;
    }
    return true;
}
```

　　整个注册页面的代码参见下面的程序，当单击"提交"按钮后，触发提交事件，执行 validForm()方法，在此方法执行中，分别对必输项、长度等规则进行一一验证，当返回值为 true 时，则提交页面到指定的服务程序，否则拒绝提交。

```html
<!-- 程序 9-6 -->
<!DOCTYPE html>
<html>
<head>
<title>实验 5: 注册验证</title>
    <script type = "text/javascript" src = "9-4.js"></script>
    <script type = "text/javascript" src = "9-6.js"></script>
    <style>
        #loginArea{width:260px;font-size:12px;}
        #loginArea p {margin: 0 0 3px;width:100%;}
        label{background-color:#ccc;display:block;float:left;
            width:100px;text-align:left;margin-right:2px;padding:2px 0;}
        input {display:block;float:left;width:150px;margin:2px;}
        input.button{width:60px;margin-right:5px}
        fieldset{border:none;padding:0;margin:0;}
        legend{font-weight:bold;margin-bottom:12px;}
    </style>
    <script type = "text/javascript">
    function validForm(){
        var userName = document.getElementById("userName");
        var pwd = document.getElementById("pwd");
        var repwd = document.getElementById("repwd");
        var email = document.getElementById("email");
        if(!validate_required(userName)){
            alert("请输入登录使用的用户名!");
            return false;
        }
        if(!valid_character(userName.value.charAt(0))){
            alert("登录用户名的首字符不能是数字!");
            return false;
        }
        if(!valid_length(userName.value,6,20)){
            alert("登录用户名的长度应当在 6 和 20 个字符(含)之间!");
            return false;
        }
        if(!validate_email(email.value)){
            alert("请输入合法的邮箱地址, 如 aa@yahoo.com!");
            return false;
        }
```

```
                return true;
            }
        </script>
</head>
<body onload = "centerObject('loginArea')">
<form id = "loginForm" name = "loginForm" onsubmit = "return validForm();">
<div id = "loginArea">
    <fieldset>
        <legend>用户注册</legend>
        <p>
        <label>登录用户名</label>
        <input id = "userName" name = "userName" type = "text" tabindex = "1"/>
        </p>
        <p>
        <label>登录密码</label>
        <input id = "pwd" name = "pwd" type = "password" tabindex = "2"/>
        </p>
        <p>
        <label>重复输入密码</label>
        <input id = "repwd" name = "repwd" type = "password" tabindex = "3"/>
        </p>
        <p>
        <label>有效邮箱地址</label>
        <input id = "email" name = "email" type = "text" tabindex = "4"/>
        </p>
        <p>
        <input type = "submit" id = "btlogin" class = "button" value = "提交"
                tabindex = "3"/>
        <input type = "button" id = "btreset" class = "button" value = "取消"
                tabindex = "4"/>
        </p>
        </fieldset>
    </div>
</form>
</body>
</html>
```

实验 6：动态改变样式

斑马表格是一种常见的表格形式，也就是表格的奇数行和偶数行分别各用一种颜色表示。

实验要求：

要求对指定的表格对象能够实现斑马表格；页面代码和样式见程序 9-7。

```html
<!-- 程序 9-7 -->
<!DOCTYPE html>
<html>
<head>
        <title>实验 6</title>
<style>
body {background: #EFEFEF none repeat scroll 0 0;color: #000000;
    font-family: Helvetica, Arial, sans-serif;text-align: center;}
#page {background: #FFFFFF none repeat scroll 0 0;margin: 0 auto;
    padding: 2em;text-align: left;width: 600px;}
/* 表格样式 */
table {border: 1px solid #000000;border-collapse: collapse;
    caption-side: top;width: 100%;}
th, td {border: 1px solid #000000;padding: 0.3em;
    text-align: left;vertical-align: top;width: 25%;}
caption {background: #000000 none repeat scroll 0 0;
    color: #FFFFFF;padding: 0.3em;}
th {background: #CCCCCC none repeat scroll 0 0;}
td {background: #F4F4F4 none repeat scroll 0 0;}
/* 控制列宽 */
.elements {width: 30%;}
.tag {width: 15%;}
.purpose {width: 55%;}
/* 斑马纹类 */
.odd td {background: #FFF none repeat scroll 0 0;}
.even td {background: #FFC none repeat scroll 0 0;}
</style>
<script type="text/javascript" src="9-7.js"></script>
<script type="text/javascript">
window.onload = function(){
    var target = document.getElementById("stripeTable");
    stripeTable(target,1);
    }
</script>
</head>
<body>
    <div id="page">
        <table width="100%" border="0" id="stripeTable">
            <caption>
                表格元素解释
            </caption>
            <tr>
```

```
            < th scope = "col" class = "elements">元素</th>
            < th scope = "col" class = "tag">标记</th>
            < th scope = "col" class = "purpose">说明</th>
        </tr>
        <tr>
            <td> table </td>
            <td> &lt;table&gt;</td>
            <td>闭合标记</td>
        </tr>
        <tr>
            <td> table row </td>
            <td> &lt;tr&gt;</td>
            <td>表示表格的一行,闭合标记</td>
        </tr>
        <tr>
            <td> table header cell </td>
            <td> &lt;th&gt;</td>
            <td>设置一列的标题</td>
        </tr>
        <tr>
            <td> table data cell </td>
            <td> &lt;td&gt;</td>
            <td>一个包含内容的单元格</td>
        </tr>
        <tr>
            <td> caption </td>
            <td> &lt;caption&gt;</td>
            <td>设置表格标题</td>
        </tr>
        </table>
    </div>
</body>
</html>
```

页面效果如图 9-4 所示。

实验分析:

实现斑马表格的关键是要知道表格的某一行是奇数或偶数。表格对象有一个集合属性 rows 包含所有的 TR 对象,访问它是从索引号 0 开始的,因此可以通过对这个 rows 集合的元素逐个访问来判断每个元素在集合内的索引值的奇偶性,进而完成目标。程序 9-7.js 实现代码如下。

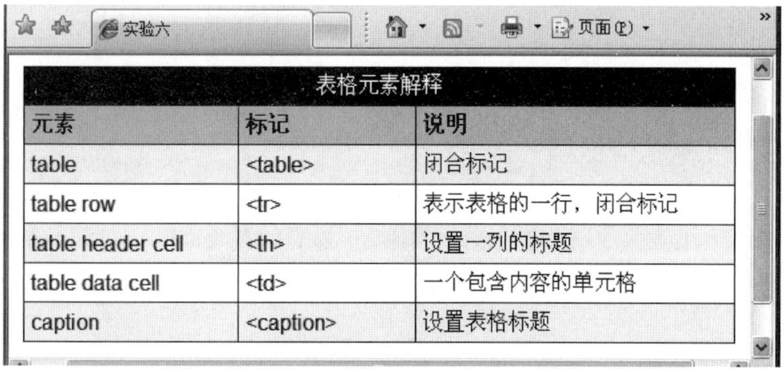

表格元素解释		
元素	标记	说明
table	<table>	闭合标记
table row	<tr>	表示表格的一行，闭合标记
table header cell	<th>	设置一列的标题
table data cell	<td>	一个包含内容的单元格
caption	<caption>	设置表格标题

图 9-4　斑马表格

```
/* 函数功能：斑马表格
 * 参数：target 表格对象
 *       fromRow 起始行号
 */
function stripeTable(target,fromRow) {
    var rows = target.rows.length;
    for(var i = fromRow;i < rows;i++){
        if(i % 2 == 0){
            target.rows[i].className  =  "odd";
        }else{
            target.rows[i].className  =  "even";
        }
    }
}
```

当一个页面需要引入这个斑马表格的脚本文件时，可以利用文档的 onload 事件，如下面修改后的 9-7.html 文件。

```
<! -- 程序 9 - 7 -- >
<! DOCTYPE html >
< html >
< head >
    < title >实验 6 </title >
< script type = "text/javascript" src = "9 - 7.js"></script >
< style ><! -- 此处省略样式定义 -- ></style >
< script type = "text/javascript" >
window.onload = function(){                    //定义文档加载后的事件处理定义
    var target = document.getElementById("stripeTable");
    stripeTable(target,1);
    }
```

```
</script>
<body>
    <!-- 此处省略了页面定义 -->
</body>
</html>
```

上述程序对 window 对象的 onload 句柄定义了加载文档后需要执行的代码,也就是对特定的表格对象 target 从第二行(下标为 1)开始进行斑马表格的样式修改。

实验 7:Cookie 操作

Cookie 就是浏览器用来保存短信息的一种机制,服务器和浏览器两端均可创建。它可以分为两种类型:临时和永久。临时的 Cookie 运行时存在,且仅存在于内存中,没有过期(Expire)时间,随浏览器关闭而丢失;永久 Cookie 在创建时确定了过期时间,浏览器会把永久 Cookie 保存到本地文件系统,可以在程序中使用这些保存于本地的Cookie。

1. 保存一个 Cookie

每个 Cookie 以"name = value;"的格式保存。设定一个 Cookie 的方法是对document.cookie 赋值。与其他情况下的赋值不同,向 document.cookie 赋值不会删除原有的 Cookies,而只会增添 Cookies 或更改原有的 Cookie。赋值的格式:

```
document.cookie = 'cookieName = ' + escape('cookieValue')
            + ';expires = ' + expirDate.toGMTString();
```

其中,cookieName 保存的是 Cookie 的名称字符串;cookieValue 须用函数 escape()进行重新编码;expires 是针对这个 Cookie 设定的失效日期,不指定失效日期,则浏览器默认是在关闭浏览器(也就是关闭所有窗口)之后过期。

另外,一个站点内不同程序设置的 Cookie 通常是共享的,具体信息可参考 Cookie的 Domain 解释。

2. 读取 Cookie

多数浏览器支持最多可达 4096 字节的 Cookie;大多数浏览器只允许每个站点保存 20 个 Cookie。

利用 document.cookie 可以获得保存的 Cookie,它实际上是一个短文本,包含所有相关的 Cookie,因此需要区分它们,这涉及保存时用到的分隔符。

在一个 Cookie 文件中,将不同的 Cookie 使用";"号作为分隔符进行分隔(分号后还有一个空格)。而每个 Cookie 中,使用"＝"作为分隔符,"＝"左侧是 Cookie 名,"＝"右侧是 Cookie 值。那么通过 String 对象的 split()方法,可以很容易将以上代码分割成数组。

3. 更新 Cookie

更新一个原来保存在本地文件系统中的 Cookie,只需要在 document.cookie 重新赋值时保持 cookieName 不变。

4. 删除 Cookie

删除一个原来保存在本地文件系统中的 Cookie,只需要在 document.cookie 重新赋值时将 expires 设置为当前日期之前即可以删除。

实验要求:

基于实验 1 中的程序 9-1,实现以下要求:

(1) 打开登录页面时,判断是否存在 Cookie,如果存在获得其中的用户名和密码信息并自动填充到对应的输入域内;

(2) 单击"登录"按钮时,判断是否存在 Cookie,如果没有则保存登录信息,如果存在检查是否改变,如有改变提示用户确认是否保存新的登录信息。

实验分析:

根据前面对 Cookie 的操作解释,针对 Cookie 的操作可以利用 document.cookie 来完成。根据实验的要求,可以定义以下两个函数完成 Cookie 的读取操作。

```
function getCookie(cookieName){}
function saveCookie(cookieName,cookieValue,exDays)
```

下面是具体的实现代码。

```
/* 函数功能:根据指定的 cookieName 返回对应的 cookieValue
 * 参数:cookieName 要寻找的 cookie 名称
 * 返回值:返回对应的 value,如果没有发现,返回一个不包含任何字符的字符串""
 */
function getCookie(cookieName){
    var aCookie = document.cookie.split("; ");        //分割后获得多个独立的 cookie
    var aCrumb,aValue;

    for (var i = 0; i < aCookie.length; i++) {
        aCrumb = aCookie[i].split(" = ");
        if(aCrumb[0] == cookieName){
            aValue = unescape(aCrumb[1]);             //获得 cookieValue
```

```
                    break;
                }
        }
    aValue = (typeof(aValue) == 'undefined'?"":aValue);
    return aValue;
}
/* 函数功能：   保存一个 cookie
 * 参数：cookieName 要保存的 cookie 名称
 *       cookieValue 名称对应的 value
 *       exDays 从当前日期开始的过期天数
 */
function saveCookie(cookieName,cookieValue,exDays){
var exdate = new Date();
exdate.setDate(exdate.getDate() + exDays);
document.cookie = cookieName + " = " + escape(cookieValue)
                            + ";expires = " + exdate.toGMTString();
}
```

注意：一般如果变量通过 var 声明，但是并未初始化的时候，变量的值为 undefined，而未定义的变量则需要通过"typeof 变量"的形式来判断，否则会发生错误。函数 getCookie() 就利用了这种特性对返回值进行了判断。

通过实验 1 到实验 3 三个小实验循序渐进的练习，需要认识到：

（1）< script >标记是浏览器启动解释器解释 JavaScript 代码和结束解释的标记。所有的 JavaScript 代码都必须置入此标记内。

（2）减少不必要的直接执行的代码，除了全局性的变量声明之外，代码应当放入具有特定功能的函数中。

（3）函数的功能应当清晰，代码简洁。

（4）如果函数有复用的可能，就应当将 JavaScript 代码放入一个独立的 js 文件中，做到复用。

由于 JavaScript 代码运行在浏览器端，而不同软件公司提供的浏览器在支持 HTML 规范方面并没有做到百分之百的兼容，因此，JavaScript 代码应当注意浏览器的兼容性，程序在任何浏览器下都应当避免出现非正常执行的情况。

从实验 4 开始的连续几个实验虽然只涉及列表框选项、表格、表单和 Cookie 操作，但其中运用的方法和思想是大多数 JavaScript 程序都适用的。开发动态的 JavaScript 程序需要认识到每一个存在于页面上的元素，如 select、input、form、div 等，在 JavaScript 程序中都被视为一个对象。对象是一个封装体，包含用于描述它的状态的各种属性以及改变状态的方法。JavaScript 是一个面向对象的脚本语言，本身提供了大量可操作的对象，其中数量较多的都是一些表示页面元素的对象，它们的属性和方法有着较大的相似性,因此理解和掌握这个程序的编写过程中对于对象的应用技巧,可以有效地帮助理解其他对象,并应用到问题解决中。

9.2　理论解答题

1. 选择题

(1) 解释执行 JavaScript 的是(　　)。

   A. 服务器　　　　　　　　　　B. 编辑器

   C. 浏览器　　　　　　　　　　D. 编译器

(2) DOM 的含义是(　　)。

   A. 文档对象模型　　　　　　　B. 层叠样式表

   C. 客户端脚本程序语言　　　　D. 级联样式表

(3) 关于 JavaScript 的说法错误的是(　　)。

   A. 是一种脚本编写语言　　　　B. 是面向结构的

   C. 具有安全性能　　　　　　　D. 是基于对象的

(4) 向页面输出一个"Hello World"的正确的 JavaScript 语句是(　　)。

   A. response. write("Hello World")

   B. document. write("Hello World")

   C. ("Hello World")

   D. echo("Hello World")

(5) JavaScript 中的属性操作符是(　　)。

   A. 数学操作符(+和-)　　　　B. 条件操作符(<和>)

   C. 点操作符(.)　　　　　　　D. 说明操作符(#)

(6) JavaScript 变量中的标识符不能以(　　)开始。

   A. 字母　　　　B. 数字　　　　C. $　　　　D. 下画线

(7) (　　)表示一个 JavaScript 语句结束。

   A. ;　　　　B. ,　　　　C. }　　　　D.)

(8) 计算一个圆面积的正确语句是(　　)

   A. area = pi * r^2;　　　　　　B. area = Math. PI * r^2;

   C. area = Math. PI * Math. sqr(r);　　D. area = Math. PI * r * r;

(9) 赋值语句的错误表达格式是(　　)。

   A. nValue = 35.00;

  B. nValue = nValue + 35.00;

  C. nValue = someFunction() + 35.00;

  D. var firstName = lastName = middleName = "";

（10）下列不属于一元运算符的是（ ）。

  A. %   B. ++   C. ——   D. —

（11）a++的作用和下面的（ ）语句一致。

  A. a=a+2;   B. a=a+3;   C. a=a+1;   D. a=a+4;

（12）下列选项中，（ ）代表的是位运算符中的非运算。

  A. &   B. | C. ^   D. ~

（13）下列选项中，不属于 JavaScript 中的逻辑运算符的是（ ）。

  A. &&   B. || C. !   D. /

（14）下列选项中，不是关系运算符的是（ ）。

  A. <   B. >   C. =   D. !=

（15）正确定义一个数值型变量的语句是（ ）。

  A. var mynum = new Math;   B. var mynum = Math(6);

  C. var mynum = 6;   D. Math.mynum = 6;

（16）执行语句：var a= 'A'; var b = 2; a = b;后，变量 a 表示的值是（ ）。

  A. 'A'   B. 2   C. true   D. b

（17）获得一个字符串 txt 第一个字符的正确方法是（ ）。

  A. txt.charAt(0);   B. txt.substring(1);

  C. txt.substring (0);   D. txt.charAt(1);

（18）定位字符串变量 txt 第一个字符 X 的位置的正确语句是（ ）。

  A. txt.find('X');   B. txt.locate('X');

  C. txt.indexOf('X');   D. txt.countTo('X');

（19）一个 for 循环有（ ）个分号来分隔它的循环控制表达式。

  A. 1   B. 2   C. 3   D. 4

（20）循环语句（ ）至少循环一次。

  A. for   B. while   C. do…while   D. 没有

（21）获得一个字符串 txt 的部分内容的正确方法是（ ）。

  A. txt.substr(5,6);   B. txt.part(5,6);

  C. txt.piece(5,6);   D. txt.split(5,6);

（22）语句（ ）表示一个函数的值。

  A. return   B. cancel   C. continue   D. valueOf

(23) 当一个 Confirm 对话框被取消时,(　　)是对话框的返回值。

    A. true   B. false   C. 'cancel'   D. 'undo'

(24) Alert 能够帮助发现错误,通过(　　)。

    A. 显示一些变量的当前值   B. 指明执行路径

    C. 暂停程序的执行   D. 以上所有

(25) 改变一个日期型变量 myDate 的当前日期为一个星期后的语句是(　　)。

    A. myDate. chgDate(7);

    B. myDate. setDate(myDate. getDate()＋7);

    C. myDate. setDate(＋7);

    D. myDate. chgDate(myDate. getDate()＋7);

(26) 下列表达式中,结果在 5~9(含 9)之间的是(　　)。

    A. Math. floor((Math. random() ＊ 5) ＋ 4);

    B. Math. floor((Math. random() ＊ 4) ＋ 4);

    C. Math. floor((Math. random() ＊ 4) ＋ 5);

    D. Math. floor((Math. random() ＊ 5) ＋ 5);

(27) (　　)不是 window 对象的方法。

    A. read   B. write   C. close   D. open

(28) (　　)属于键盘事件。

    A. onclick   B. onfocus

    C. onkeydown   D. onkeyboardpress

(29) 当一个页面元素失去焦点后,会触发(　　)事件。

    A. onmouseout   B. onblur

    C. onunfocus   D. onkeyup

(30) 在 JavaScript 语言中,MouseOver 将触发的事件为(　　)。

    A. 离开页面   B. 鼠标离开

    C. 鼠标经过   D. 鼠标单击

(31) 当一个表单被重置为默认信息时引发(　　)事件。

    A. onError   B. onMove

    C. onReset   D. onResize

(32) 函数的实参个数必须(　　)函数形参声明的个数。

    A. 等于   B. 大于   C. 小于   D. 不等于

(33) 下列语句中,正确地声明了一个数组的是(　　)。

    A. var course ＝ new Array ("Java 程序设计","HTML 开发基础","数据

库原理")；

    B. var course = new Array["Java 程序设计","HTML 开发基础","数据库原理"]；

    C. var course =（"Java 程序设计","HTML 开发基础","数据库原理"）；

    D. var course =｛"Java 程序设计","HTML 开发基础","数据库原理"｝；

（34）使用字符串对象的 indexOf()方法进行检索,如果没有发现,返回（　　）。

    A. 0　　　　　　　　　　　　　　B. −1

    C. 字符串的字符个数　　　　　　　D. 字符串的字符个数＋1

（35）如果一个变量"var x＝"5"＋5＋5；",则 x 的值是（　　）。

    A. NaN　　　　　B. 555　　　　　C. 510　　　　　D. 15

（36）（　　）是正确的标识符定义。

    A. $ ab　　　　　B. 7a　　　　　C. a7　　　　　D. for

（37）函数 parseFloat("3.14ab")返回（　　）。

    A. NaN　　　　　B. ab　　　　　C. PI　　　　　D. 3.14

（38）引用一个外部的 JS 文件,可以定义 script 标记的（　　）属性。

    A. src　　　　　B. source　　　　　C. file　　　　　D. js

2. 填空题

（1）JavaScript 的数据类型有_____,_____,_____,_____,_____,_____。

（2）prompt()方法在执行时单击"取消"按钮,那么返回值为_____。

（3）JavaScript 的函数有系统本身提供的内部函数,也有系统对象定义的函数,还包括程序员自定义的函数。

（4）标识符必须使用字母或者_____开始。

（5）转义字符"\n"表示_____。

（6）声明函数的关键字是_____。

（7）函数用_____返回函数的计算结果。

（8）如果有 var a＝5,b＝"5"；,则(a＝＝b)的结果是_____。

（9）定义 x 的值是 15,则表达式 x％4 的结果是_____。

（10）当操作数 a,b 全为 false,表达式 a‖b 为_____,否则表达式为_____。

（11）JavaScript 的对象类型可以分为 4 类_____,_____,_____,_____。

（12）每一个函数体内都内置地存在着一个类似数组的对象_____,通过它可以查看当前有几个传递来的参数。

（13）获得数组 course 的长度可以使用属性_____。

（14）通过下标访问数组元素是从_____开始的。

（15）_____对象用来处理和日期时间相关的事情。

（16）日期对象的 getDate( )返回一个_____中的某一天,而 getDay( )返回一_____中的某一天。

（17）日期的 1 月到 12 月,用数字_____到_____对应。

（18）Math. random( )方法可返回介于_____和_____之间的一个伪随机数。

（19）Math 对象的_____方法返回小于或等于 x,且与 x 最接近的整数。

（20）Math 对象的_____方法返回一个数字舍入为最接近的整数。

（21）一个变量 x 的值是 10,则语句"var s = x. toString(_____);"返回一个二进制表示的数值字符串 1010。

（22）每个字符串都有一个_____属性来说明该字符串的字符个数。

（23）通过_____方法可以获得一个字符串指定位置上的字符。

（24）使用字符串对象的 indexOf( )方法进行检索,如果没有发现,返回_____。

（25）_____对象代表了整个 HTML 文档。

（26）document 对象的_____函数可以通过页面元素的 ID 来获得页面元素引用,如果没有对应 ID 的页面元素,函数返回_____。

（27）document 对象的 getElementsByName( )函数返回值的类型是_____。

（28）浏览器会在一个页面中< body >或< frameset >出现时自动创建_____对象。

（29）_____是一个包含有关客户机浏览器信息的对象。

（30）打开一个新的浏览器窗口或查找一个已命名的窗口,可以使用_____对象的_____方法。

（31）如果需要在提交表单时检查表单内容的有效性,则需要定义_____事件句柄。

（32）当鼠标事件发生时,可以使用对象_____的属性_____来获知单击了哪个按钮。

（33）当鼠标进入一张图片时,会触发_____事件。

（34）当键盘事件发生时,可以使用对象_____的属性_____来获得按键信息。

（35）在打开一个新页面时,如果希望将鼠标定位在一个预定的输入域,应当在窗口的_____事件发生时使得此页面元素获得焦点。

9.3 学 生 实 验

1. 参照主教材写一个根据用户所选颜色改变窗口背景色的程序。

2. 输入一个网址,然后用 window 的 location 在一个新的窗口打开它。

3. 修改实验4的程序,为这个页面添加一个放弃选择某个参加人员的功能。并利用对象的 cloneNode()方法简化程序 9-5 的创建对象的过程。

4. 修改实验6,为表格动态增加当鼠标指向某一行时,该行高亮显示的特性。提示:利用 TR 的 MouseOver 和 MouseOut 事件。

5. 请设计一个加法练习程序,具体页面效果如图 9-5 所示,实现要求如下。

(1) 操作数输入域不能修改;

(2) 单击"开始"按钮,产生两个 100 以内的随机数,替换页面中公式内的两个操作数;

(3) 单击"判题"按钮,判断输入的结果是否正确,如果正确,弹出"恭喜,你答对了!"对话框,否则弹出"很遗憾,你答错了,继续努力!"对话框。

图 9-5　加法练习

HTML5 应用

Web 前端开发主要是通过 HTML、CSS、JS、AJAX、DOM 等前端技术实现网站在客户端的正确显示及交互功能等。随着 HTML5 的到来，Web 前端的应用功能将会更加灵活，客户端拥有更好的页面表现性能而不会给服务器带来过重的负担。除此之外，HTML5 的出现，也使得移动开发进入了一个新领域。

本章实验将学习：

(1) HTML5 的技术特性。

(2) HTML5 中 Canvas 的应用。

(3) HTML5 中新增表单元素和属性。

(4) HTML5 中多媒体应用。

实验目标：

(1) 掌握 HTML5 的技术新特性。

(2) 熟练使用 Canvas 来操作页面。

(3) 掌握表单新增元素和属性的使用。

(4) 有效运用 HTML5 中的多媒体充实页面内容。

10.1 讲述与示范

HTML5 已经成为网页前端设计者最钟爱的开发技术，该技术增加了对 Canvas 2D 和多媒体元素的支持，实现了大多数第三方 API 功能的接口，提高了程序开发的可用性和用户的友好体验。HTML5 将成为 HTML、XHTML 以及 HTML DOM 的新标准。虽然 HTML5 仍处于完善之中，但是大部分浏览器已经支持 HTML5 的特性。本章将详细介绍 HTML5 开发技术。

实验 1：语义化页面布局设计

实验要求：

图 10-1 是一个网站首页，页面布局采用 HTML5 的语义化标记，实现页面整体布局的展示。

图 10-1　网页首页

实验分析：

图 10-1 的界面大体上分为三部分：头部、主体部分和页脚。其中，主体部分包含内容和侧边栏等区域，以及独立的导航标记块。在如图 10-1 所示的效果中，可以将网页分为 4 个部分，分别采用 HTML5 的语义化标记 header、nav、section 和 footer。需要注意的是，在使用语义化标记时，部分语义化标记是可以相互嵌套的，如 section 可以嵌套 section 和 article，同样地，article 标记也可以嵌套 section 和 article 标记。

header 主要用来显示一些引导信息或者 Logo 信息，在导航区域采用 nav 标记来进行显示导航链接。主体部分包含两个区域，一个是文章内容区域，另一个是侧边栏区域，分别采用 section 实现文章内容区域，并嵌套两个 article 标记实现文章列表的显示，采用 aside 标记来实现侧边栏区域。在页脚部分采用 footer 标记实现一些包含信息显示。

实验步骤：

步骤 1：根据页面结构定义语义化标记

根据页面结构，采用 HTML5 中的语义化标记，实现整体结构的定义和设计。下面的代码是首页整体结构代码，具体如下。

```
< div id = "wrapper">
    < header >
    </header >
    < nav >
    </nav >
    < section id = "main">
        < section id = "content">
            < article >
            </article >
            < article >
            </article >
        </section >
        < aside id = "sidebar">

        </aside >
    </section >
    < footer >
        < section id = "footer - area">
            < section id = "footer - outer - block">
                < aside class = "footer - segment">
                </aside >
                < aside class = "footer - segment">
                </aside >
            </section >
        </section >
    </footer >
</div >
```

以上代码，通过语义化标记，实现首页的整体结构定义。

在一个完整的网页中，包含头部< header >、主体部分< section >，还有页脚部分< footer >。首先整个页面内容通过定义一个 id 为 wrapper 的 div，作为页面主容器，放置其他标记元素。采用标记< header >来定义当前页面的头部，该标记内主要放置一些 Logo 信息，居于页面最顶端位置。在< header >标记下，紧接着定义了< nav >标记元素，nav 英文缩写的原意就是"导航"的意思。因此该区域主要放置导航条信息。

在 HTML5 中的语义化标记里，< section >标记用来定义文档中的节或区段，而

＜article＞标记是用来装载显示一个独立的文章内容，并且可以嵌套到＜section＞标记中使用。在上述代码中，＜section＞中嵌套两个＜article＞标记。

```
< section id = "content">
        < article ></article >
        < article ></article >
    </section >
```

这种方式，可以将页面中的内容进行模块化处理，每一个内容块都放入相应的标记。

在＜section id＝"content"＞区段之后，放置了一个＜aside 标记＞，并将＜aside＞标记作为内部区段＜section＞的兄弟元素节点。HTML5 中，＜aside＞语义标记是用来装载显示非正文类的内容，例如在此处的侧边栏，实现了侧边导航模块的结构化展示。

在页面最后，定义＜footer＞标记元素，用来放置当前页面的一些页脚信息。该标记放置在代码的其他位置，也可以被浏览器解析在页面最后。此外，从上面代码中可以很明显看出，footer 标记内部也可以嵌套 section 区块标记。

以上定义了整个页面主体结构和布局，接下来可以在对应的区域块内填充需要显示的信息。

步骤 2：给指定的标记元素填充内容

根据整体页面内容及布局结构，将内容填充完整。部分代码如下所示。

```
< div id = "wrapper">
< head >
< meta charset = "utf - 8" />
<title>计算机科学与技术学院</title>
< link rel = "stylesheet" href = "styles.css" type = "text/css" media = "screen" />
< link rel = "stylesheet" type = "text/css" href = "print.css" media = "print" />
</head >
    < nav >
        < div class = "menu">
            < ul >
                < li >< a href = "#">主页</a ></li>
                < li >< a href = "#">关于</a ></li>
                < li >< a href = "#">新闻</a ></li>
                < li >< a href = "#">服务</a ></li>
                < li >< a href = "#">支持</a ></li>
                < li >< a href = "#">联系我们</a ></li>
            </ul >
```

```
        </div>
    </nav>
    <section id = "main">
        <section id = "content">
            <article>
                <h2><a href = "#">计算机学院概况</a></h2>
                <p>//内容省略</p>
            </article>
            <article>
                <h2><a href = "#">计算机学院发展</a></h2>
                <p>//内容省略</p>
            </article>
        </section>
        <aside id = "sidebar">
            <h3>功能导航</h3>
            <ul>
                <li><a href = "#">新闻中心</a></li>
                <li><a href = "#">通知公告</a></li>
                <li><a href = "#">学生交流</a></li>
                <li><a href = "#">海外学习</a></li>
                <li><a href = "#">合作办学</a></li>
                <li><a href = "#">来华留学</a></li>
            </ul>
            <h3>学术活动</h3><!-- 学术活动 B -->
            <table width = "200px" border = "0"
                    cellspacing = "0" cellpadding = "0" id = "tztg">
            <tr>
            <td align = "left" class = "content1">
            <ul>
            <li><a href = "#"> XXX </a>
                <p>题目：XXX</p>
                <p>时间：XXX</p>
                <p>地点：XXX</p>
            </li>
            </ul>
            </td>
            </tr>
            </table>
            <h3>与我们联系</h3>
            <ul>
                <li><a href = "#"> XXX </a></li>
```

```
                    < li > < a href = " # ">邮箱：XXX@qq.com</a></li>
                </ul>
            </aside>
        </section>
    < footer >
        < section id = "footer - area">
            < section id = "footer - outer - block">
                < aside class = "footer - segment">
                    < h4 >友情链接</h4>
                    < ul >
                        < li > < a href = " # ">百度</a></li>
                        < li > < a href = " # ">计算机协会</a></li>
                        < li > < a href = " # ">中国教育网</a></li>
                    </ul>
                </aside>
                < aside class = "footer - segment">
                    < h4 >版权信息</h4>
                    < p >
                        &copy; 2010 < a href = " # "> http://huel.edu.cn</a>
                </aside>
            </section>
        </section>
    </footer>
</div>
```

整个页面的主页显示效果就如图 10-1 所示。

实验 2：画布 Canvas 的应用

实验要求：

图 10-2 是一个柱状图,该图表在统计数据信息中应用广泛。该实验通过 Canvas 实现柱状图的绘制。

实验分析：

图 10-2 中所显示的信息,是一个水平放置的柱状图。在横坐标上显示数据,纵坐标上标注省份,并对应不同颜色的矩形条。矩形条是根据各自对应的数值来生成的,因此,在 Canvas 上绘制矩形的时候,首先需要提供数据,并通过创建指定的图表类型来绘制。

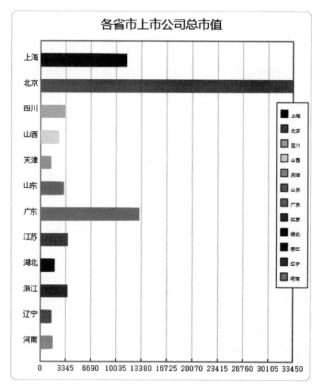

图 10-2　画布实现的柱状图

实验步骤：

步骤 1：定义 Canvas 容器

```
< div style = "left:1020px;top:0px;position: absolute;">
< canvas id = "canvas" height = "600px"
        width = "500px" left = "1040px" top = "0xp" position = "absolute"
        />
</div>
```

上面代码中，定义了 div 的样式和 canvas 元素样式。将 div 和 canvas 的位置设置为绝对定位，并指定 canvas 的 id 属性，以及该容器的宽和高属性。因为 Canvas 单独无法实现画布绘制，需要结合 JavaScript 来实现，因此该 id 属性是一个 ID 选择器，脚本通过该选择器来进行操作该画布对象。

步骤 2：指定页面初始化方法

```
< body onLoad = "init()">
</body>
```

指定页面 body 元素的 onLoad 属性,在页面加载时执行指定的方法,该方法具体在 JavaScript 脚本中定义。页面初始化 init()方法定义如下。

```
< script type = "text/javascript">
var charts;
function init(){
var items = [];
var style = new OpenCharts.Style();
style.fillStyle = "#F00";
charts = new OpenCharts.Chart.BarExChart("canvas");
items = [];
items.push({strCaption : '上海',data : 11461.39,itemStyle:'#002060'});
items.push(new OpenCharts.Item(33444.79,"北京",style));
items.push(new OpenCharts.Item(3261.26,"四川","#FFC000"));
items.push(new OpenCharts.Item(2448.86,"山西","#FFFF00"));
items.push(new OpenCharts.Item(1392.13,"天津","#92D050"));
items.push(new OpenCharts.Item(3092.94,"山东","#00B050"));
items.push(new OpenCharts.Item(13113.26,"广东","#00B0F0"));
items.push(new OpenCharts.Item(3631.0,"江苏","#0070C0"));
items.push(new OpenCharts.Item(1882.03,"湖北","#002060"));
items.push(new OpenCharts.Item(3606.78,"浙江","#7030A0"));
items.push(new OpenCharts.Item(1485.74,"辽宁","#C0504D"));
items.push(new OpenCharts.Item(1673.03,"河南","#F79646"));
charts.strTitle = "各省市上市公司总市值";
message = "${itemName}${itemCaption}的上市公司总市值为${itemData}(亿)";
charts.addItems(items,"");
charts.addEventListener("mousedown",message);
charts.render();
}
</script>
```

　　上面程序定义了一个 init()的方法,用来初始化图表,主要是通过 charts = new OpenCharts.Chart.BarExChart("canvas")方法创建指定的 BarExChart 类型的图表,并且参数中传入的 canvas 作为该图表要显示的容器。

　　在图表初始化过程中,定义 items 数组,容纳每个要显示的数据项,该数据项在 OpenCharts.Item 类中进行了定义,包含 strCaption、data 和 itemStyle 三个属性,分别代表数据图表中的城市名称、数据以及数据格式。属性赋值可以通过两种方式,可以直接以 items.push({strCaption : '上海',data : 11461.39,itemStyle:'#002060'})方式进行赋值,或者以 items.push(new OpenCharts.Item(33444.79,"北京",style))通过创建对象传递参数的方式来进行数据项对象的创建。

　　在所有数据项创建完成后,通过 charts.addItems(items,"")将包含数据项的数组

items 添加到 charts 对象中，即完成图表的绘制。图表的标题可以通过 charts. strTitle ＝
"各省市上市公司总市值"进行赋值操作。charts. addEventListener("mousedown",
message)是为图表添加监听事件，实现单击数据项后可以显示每一个数据项的详细信
息。最后通过 charts. render()方法实现整个图表的最终绘制完成。

　　在图表统计功能中，不同的语言环境下有不同的第三方实现包支持图表的动态生
成。OpenCharts 是基于 HTML Canvas 技术的采用面向对象的 Web 图表。在使用过
程中，JavaScript 脚本将数据生成指定图表类型，使其显示在指定 id 的画布元素
位置。

　　在创建图表过程中，需要将对应的类导入：

```
< script type = "text/javascript" src = "lib/OpenCharts. js"></script>
```

　　在 opencharts. js 文件中，定义一个 inputScript 方法，实现将 OpenCharts 文件包下
的所有图形对应的 JavaScript 脚本动态写入页面中，具体内容请查阅配套源代码。

```
{
inputScript('SingleFile. js');
inputScript('BaseTypes. js');
inputScript('Animation. js');
inputScript('BaseTypes/Class. js');
inputScript('BaseTypes/Point. js');
inputScript('BaseTypes/Rect. js');
inputScript('TextStyle. js');
inputScript('Style. js');
inputScript('Coordinate. js');
inputScript('Item. js');
inputScript('smooth. js');
inputScript('RenderEnginer. js');
inputScript('Charts. js');
inputScript('Chart/AxesChart. js');
inputScript('Chart/AreaChart. js');
inputScript('Chart/LineChart. js');
inputScript('Chart/PointChart. js');
inputScript('Chart/BarChart. js');
inputScript('Chart/BarExChart. js');
inputScript('Chart/PieChart. js');
inputScript('Chart/Bar3DChart. js');
inputScript('Chart/BarEx3DChart. js');
```

```
inputScript('Chart/CompoundChart.js');
inputScript('Chart/StackedChart.js');
}
function inputScript(inc){
varscript = '<' + 'script type = "text/javascript"
src = "lib/OpenCharts/' + inc + '"' + '><' + '/script>';
document.writeln(script);
}
```

以上代码主要就是实现动态构建一个 JavaScript 的外部引用。

实验 3：新增表单元素及属性应用

实验要求：

在如图 10-3 所示的例子中，是一个简单的注册界面，用到了 HTML5 中新增表单的 6 个元素。

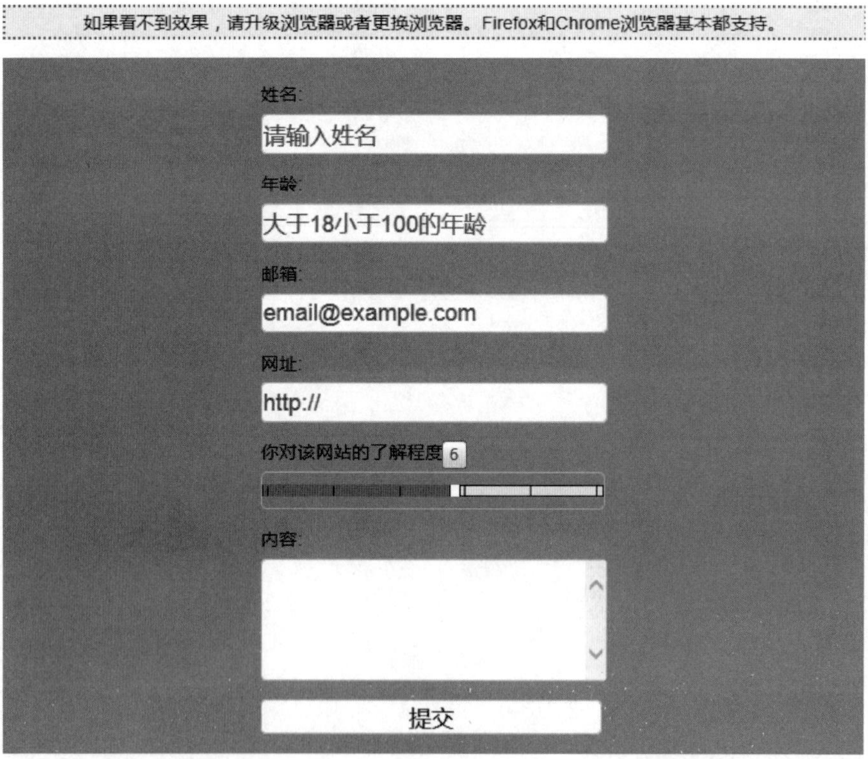

图 10-3 注册页面

实验分析：

这是一个简单的注册页面。其中，"姓名"标记对应 text 文本类型，"年龄"标记为 number 类型，"邮箱"标记对应着 email 类型，"网址"标记对应 website 类型，"你对该网站的了解程度"标记设置为 range 类型，"内容"就是普通的文本域输入框类型。

对于这些类型，在兼容 HTML5 的浏览器中都可以实现自动判别是否为空或格式是否正确。

实验步骤：

依据要显示的尺寸及效果可以定义整体的布局，此处重点关注新增表单元素和属性，该部分主要代码如下所示。

```
<div>
<form action = "" method = "post">
<label for = "name">姓名:</label>
<input type = "text" name = "name" required placeholder = "请输入姓名"/>
<label for = "age">年龄:</label>
<input type = "number" name = "number" min = "18" max = "100" step = "1" required
placeholder = "大于 18 小于 100 的年龄">
<label for = "email">邮箱:</label>
<input type = "email" name = "email" required placeholder = "email@example.com"/>
<label for = "website">网址:</label>
<input type = "url" name = "website" required placeholder = "http://"/>
<label for = "range" style = "margin-left:0px; ">你对该网站的了解程度: </label>
<input style = "background-color:♯c96; margin-left:0px;padding:0px"
type = "range" name = "range" min = "0" max = "10" step = "1"/>
<label for = "message">内容:</label>
<textarea name = "message" required></textarea>
<input type = "submit" value = "提交"/>
</form>
</div>
```

在上述代码中，对 text 类型的文本框指定了 required 属性和 placeholder 属性，分别意味着该输入框不允许为空，并且其占位符显示"请输入姓名"提示信息。同样，在类型为 email 和 url 类型的输入框中要求同上。新增的表单元素类型会根据不同类型对输入框的内容进行验证。如果指定表单为 url 类型，默认该输入框的格式为 http://XXX.XXX.XXX。如果指定为 email 类型，则应输入"XXX@XXX"，具体更细的验证规则需查阅相关正则表达式。在 number 类型的输入框中，指定了该输入框的最小值年龄为 18，最大值年龄为 100，并且其步长为 1，意味着该输入框只能输入 18～100 的年龄值。"你对该网站的了解程度"这个标记的类型为 range 滑动条，在不同浏览器显示效果存在差异。图 10-3 是在 IE11 下的显示效果，鼠标拖动滑块时，会将对应数值显示在滑块上方。滑动条在进度显示以及 RGB 颜色选择器中有较大用途。

实验 4：音频和视频文件播放

在 HTML4 中播放音频和视频的属性方法有多种,比如< object >或< embed >标记。使用此类属性标记,若要兼容多种格式的音频、视频,需要大量的兼容性代码。HTML5 的出现,规范了网页中内嵌多媒体的播放属性和方法,也简化了程序代码的难度,并有效提高了代码的兼容性。

实验要求：

实现网页中视频文件的播放,并可以支持多种格式的视频文件,如图 10-4 所示。

图 10-4 视频文件播放实例

实验分析：

Video 元素潜在地支持如下多种视频格式。

Ogg——采用 Theora 视频编码和 Vorbis 音频编码的 Ogg 视频文件;

MPEG4——采用 H.264 视频编码和 AAC 音频编码的 MPEG 4 视频文件;

WebM——采用 VP8 视频编码和 Vorbis 音频编码的 WebM 视频文件。

因此,在设置多种格式播放的时候,可以将不同格式的视频资源全部引入进来,使得网页自适应视频格式。< audio >标记和< video >标记的属性基本相同,但两者含义有差异,前者是引入音频多媒体资源,后者是引入视频多媒体文件。除此之外,不同之处在于< video >标记存在 width 和 height 属性,可以自行设置视频播放时的界面大小,而< audio >标记不存在该属性。

实验步骤：

指定 video 元素，设置必要属性，添加对应的视频资源。具体代码如下所示。

```
< video controls = "controls">
< source src = "medias/volcano.ogg" type = "video/ogg">
< source src = "medias/volcano.mp4" type = "video/mp4">
您的浏览器不支持 video 标记.
</video >
```

当 controls 属性指定为 controls 值，该视频播放时会出现对应的控制条，并能进行播放、暂停和快进，以及声音设置和最大化等操作，如图 13-5 所示。上述示例中，在< video >标记内加入了 controls 属性，除此之外，该标记也可以设置其他一些方法或者属性。比如，play( )、load( )以及 pause( )等方法，以及 autoplay、buffered 等属性。例如，当 autoplay 属性设置后，在加载完当前页面后，多媒体会自动播放。

实验要求：

实现网页中音频文件的播放，并可以支持多种格式的视频文件，如图 10-5 所示。

图 10-5　音频文件播放实例

实验分析：

HTML5 规定了一种通过 audio 元素来包含音频的标准方法。audio 元素能够播放声音文件或者音频流。audio 元素支持三种音频格式：OggVorbis、MP3、Wav。在设置多种格式播放的时候，可以将不同格式的音频资源全部引入进来，使得网页自适应音频格式。

实验步骤：

指定 audio 元素，设置必要属性，添加对应的音频资源。具体代码如下所示。

```
< audio controls = "controls">
< source src = "medias/Wah Game Loop.ogg" type = "audio/ogg">
< source src = "medias/Wah Game Loop.mp3" type = "audio/mpeg">
您的浏览器不支持 audio 标记.
</audio >
```

视频和音频播放的实现过程中，功能代码和其属性方法相近。除此之外，引入外部音频文件和视频文件的方法也是一致的。在介绍< video >标记时，也讲到其对应的一些方法和属性，这些方法和属性绝大多数在< audio >标记下也可使用。例如，play( )和

pause()这对方法。

　　图 10-6 为音频文件播放和暂停方法的演示，其过程主要是通过脚本来调用指定方法实现相应功能效果。具体实现代码如下所示。

图 10-6　播放和暂停方法调用实例

```
< audio id = "music">
< source src = "medias/Wah Game Loop.ogg">
< source src = "medias/Wah Game Loop.mp3">
</audio>
< div >
< imgsrc = "bg.jpg"/>
< button id = "toggle" onclick = "toggleSound()">播放</button >
</div>
< script type = "text/javascript">
    function toggleSound() {
var music = document.getElementById("music");
var toggle = document.getElementById("toggle");
        if (music.paused) {
music.play();
toggle.innerHTML = "暂停";
        }
        else {
music.pause();
toggle.innerHTML = "播放";
        }
    }
</script >
```

　　该段程序中<img>标记是为了美化界面，指定一个 gif 动画。< button >标记指定了 onclick 事件，该事件执行脚本内 toggleSound()方法。该方法通过 ID 选择器获得指定 id 的对象 music 和 toggle，前者是得到指定的音频文件，后者得到要操作的按钮对象。

<audio>标记存在 paused 属性,通过 music. paused 来判断当前对象是否处于暂停状态,如果处于暂停状态,单击按钮,执行 play()方法来播放音频文件,并通过 innerHTML 属性改变按钮值。相反,如果不是暂停状态,单击事件执行的是暂停播放,并同样修改按钮属性值。

10.2　理论解答题

1. 选择题

(1) HTML5 之前的 HTML 版本是(　　)。

    A. HTML4.01　　　　　　　　　　　B. HTML4

    C. HTML4.1　　　　　　　　　　　　D. HTML4.9

(2) HTML5 的正确 doctype 是(　　)。

    A. <!DOCTYPEhtml>　　　　　　　　B. <!DOCTYPE HTML5>

    C. <!DOCTYPE>　　　　　　　　　　D. <!DOCTYPE HTML4>

(3) 在 HTML5 中,(　　)元素用于组合标题元素。

    A. <group>　　　B. <header>　　　C. <headings>　　　D. <hgroup>

(4) HTML5 中不再支持(　　)元素。

    A. <q>　　　　　B. <ins>　　　　　C. <menu>　　　　D. <font>

(5) 在 HTML5 中,onblur 和 onfocus 是(　　)。

    A. HTML 元素　　B. 样式属性　　　C. 事件属性　　　D. 事件方法

(6) 用于播放 HTML5 音频文件正确的 HTML5 元素是(　　)。

    A. <mp3>　　　　B. <audio>　　　C. <sound>　　　D. <embed>

(7) 在 HTML5 中不再支持<script>元素的(　　)属性。

    A. rel　　　　　　B. href　　　　　C. type　　　　　D. src

(8) 在 HTML5 中,contextmenu 和 spellcheck 是(　　)。

    A. HTML 属性　　　　　　　　　　　B. HTML 元素

    C. 事件属性　　　　　　　　　　　　D. 样式属性

(9) 由 SVG 定义的图形是(　　)格式的。

    A. CSS　　　　　B. HTML　　　　C. XML　　　　　D. JavaScript

(10) HTML5 中的<canvas>元素用于(　　)。

    A. 显示数据库记录　　　　　　　　　B. 操作 MySQL 中的数据

    C. 绘制图形　　　　　　　　　　　　D. 创建可拖动的元素

(11) HTML5 内建对象(   )用于在画布上绘制。

    A. getContent   B. getContext   C. getGraphics   D. getCanvas

(12) 在 HTML5 中,(   )属性用于规定输入字段是必填的。

    A. required   B. formvalidate

    C. validate   D. placeholder

(13) 输入类型(   )定义滑块控件。

    A. search   B. controls   C. number   D. range

(14) 输入类型(   )用于定义周和年控件(无时区)。

    A. date   B. week   C. year   D. time

10.3　学　生　实　验

参照本章实验结合给定素材采用 HTML5 中画布元素绘制如图 10-7 所示的效果图。

图 10-7　七巧板效果图

## 第 11 章

综合网站案例制作

网站制作是一项系统性的工作,是通过页面结构定位、合理布局、图片文字处理、程序设计、数据库设计等一系列工作的总和。网站设计师需要研究如何布局、处理字体和颜色以及空白的应用,围绕所要表达的信息把这些元素融为一体,从而形成自己的风格。因此,Web 站点的设计并不是通常认为的网页制作,而是一个融合了多种设计原则和设计过程的系统工程。

本章实验将学习:

(1) 网站设计的基本原则。

(2) 网站结构规划。

(3) 常用网页布局方法。

(4) 网站内容设计。

(5) 网站发布。

实验目标:

(1) 掌握网站建设的基本流程。

(2) 完成简单网站设计。

(3) 掌握站点发布的方法。

11.1 讲述与示范

一个成功的 Web 站点不仅应当是内容丰富的,而且也必定是用户友好的,或者在外观或功能上给人有深刻的印象。一个专业设计的网站不仅能使访问者停留更长的时间,而且可以吸引更多的访问者,从而提升网站的价值。

实验 1: 网站欣赏

制作网站的第一步,即要确定网站的主题,也就是网站应表达的内容和效果。而网站的主题必须通过分析网站的用户群体、作用、类型等多种因素确定。网站的用户群体是指使用网站的人群分类，根据不同的人群特征，网站所应展示信息的方式也应不同。网站作用也可以称为网站的定位，主要确定是以产品宣传为主导，还是以客户参与为主导等。网站类型包括新闻或信息、企业、商业、政府、个人、社交、搜索网站等。一个成功的网站必须有自己明确的用户群、内容、功能以及视觉和体验的独特性，方能在浩如烟海的站点中脱颖而出。

新浪、搜狐、网易等大型门户网站的作用主要是向访问者提供大量的信息，涉及经济、政治、人文、生活等方方面面的内容。网站日访问量巨大且访问群体范围较广。这类网站的设计更注重信息覆盖的范围，因此页面多简单明确、分类合理、导航清晰、色彩平淡。其网站的最终要求是使不同用户能够迅速在众多信息中找到感兴趣的内容。图 11-1 为凤凰网首页。

图 11-1　凤凰网首页

百度、谷歌等网站为专业的在线搜索引擎网站，主要为客户提供信息检索服务。由于其服务内容单一，所以方便性与简洁性是这种类型的网站追求的目标。因此，网站截图上也可以看出，主要的内容功能搜索框被放入网页正中间的显著位置。同时，为避免单一网页内容带来的乏味，这类网站经常在网站图片上做出不同的变化。图 11-2 为百度和谷歌页面截图。

美的集团网站为产品宣传网站，主要在于全面介绍公司及公司产品，提升企业形象。这类网站作为企业产品和形象宣传的重要窗口，主要为了让外界了解企业自身、树立良好企业形象，并适当提供一定产品服务。因此网页设计的主要任务是突出企业形象。这类网站对设计者的美工水平要求较高。同时设计方法也不拘一格，重点在于新颖、有特色，能够传递出强烈的企业文化信息。图 11-3 为美的集团公司网站首页。

图 11-2　百度和谷歌页面截图

图 11-3　美的集团公司网站首页

实验 2：网站设计规划

网站制作是一项系统性的工作，涉及需求分析、栏目设定、目录管理、页面布局、图文排版、色彩搭配等一系列工作。案例通过对 IBM 中国网站的分析，提供给读者一些网站设计的基本方法和原则。

1. 需求分析

IBM 公司于 1911 年创立于美国，是全球最大的信息技术和业务解决方案公司，其业务遍及一百七十多个国家和地区。2008 年，IBM 公司的全球营业收入达到 1036 亿美元，在美国共计注册 4186 项专利，成为美国历史上首家在单一年度专利注册数量超过 4000 项的公司。

IBM 中国网站是 IBM 客户关系管理和电话网络营销面向中国的重要环节和窗口，是以用户需求为本的提供跨企业的软硬件及服务的全方位的信息了解、在线采购、技术支持和个性化服务实时在线的一站式通道。根据其业务发展范围和需求，需提供以下几个方面的功能。

IBM 作为全球著名的计算机类产品生产商，应能在其网站上提供足够清晰的产品类别和对其各类产品的介绍展示，以使客户通过网站对产品具有一定的了解。

IBM 还致力于开发一系列广泛而又非常成功的针对企业的解决方案和服务，如企业资产管理解决方案、企业资源规划解决方案、客户关系管理解决方案、商务智能解决方案等，因此应提供对解决方案的详细介绍。

IBM 提供各种咨询、服务、解决方案，要求能够对客户需求进行即时响应，比如解决方案由 IBM 及其业务合作伙伴专家进行开发并提供支持，客户可以通过电话专线或网络客服快速找到对应方案的专员进行咨询。

最后，应对客户提供注册、收藏、在线订单、付款等特色服务。

2. 栏目设计

一级栏目体现客户对网站各方面的需求，并方便、快捷地转入任何想去的网页。二级栏目需紧扣一级栏目的内容和要求，是一级栏目的扩展和延伸。二级栏目是需要具体地实现一级栏目的目标，发挥其网站的主力军作用。因此，在规划二级栏目时，着重注意到栏目的可用性、实用性、方便性和可操作性。根据需求分析的几个方面，IBM 网站栏目设计如表 11-1 所示。

表 11-1　IBM 网站栏目表

一 级 栏 目	二 级 栏 目
解决方案	解决方案概览、特色解决方案、业务伙伴
服务	业务咨询、IT 服务、外包服务、培训服务、融资租赁
产品	软件、Systems 与服务器、存储产品、其他产品
支持与下载	下载、技术支持、开发者支持、客户支持
个性化服务	我的 IBM、客户支持、收藏夹

3. 站点定义与管理

进行过栏目设计后,可根据栏目规划站点的目录结构。站点分为公共目录区和栏目目录。公共目录区存放各网页需访问和使用的公共信息,如 image 文件夹存放图片信息,js 文件夹存放 JavaScript 程序、CSS 文件等。由于 IBM 网站内容繁多,因此在栏目目录下仍然建立了二级栏目目录。同时,由于栏目复杂,每个栏目目录下还可以存放各栏目的图片文件夹和 css 文件夹,以方便管理,如图 11-4 所示。

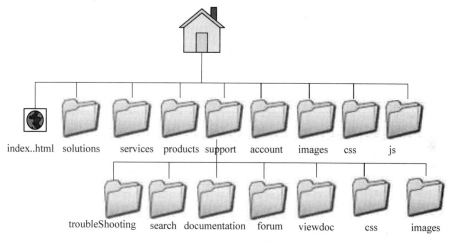

图 11-4　网站站点结构

4. 主页面布局

作为科技商业公司,IBM 中国网站的设计大气、稳重、新潮,分类非常细而且很清晰,给人以走在科技前沿的感觉。其主页面布局为上中下的标准格式。上部为 Logo 和导航部分。从内容规划上来看,上部导航条是围绕着产品、服务、技术支持、实现购买的菜单,体现方便实用、周全服务的特质。另外,将搜索框放在右上角鲜明且又方便单击的生理科学位置。

中部分为 banner 栏和主信息栏。banner 条采用了色彩鲜明、创意无限的图片,不仅起到了画龙点睛的作用,而且有效减少了客户视觉浏览方向点,直接引导到该网站的中心意图点。主信息栏采用了两种表达方式，一种为图片类型的横条色块的信息栏，色块之前以清爽的白色 1 像素高横条分隔，明快利落。一种为黑色列表表达的信息，配合上部导航，也稳定了根基。但黑色部分面积占用不大，使整个页面保证一定的明度，中央图片的彩色图片更活跃了整个画面。

总体而言，整个界面采用方正的布局，有利于分类与阅读。文字与边框间适当留空隙，使文本清晰，不会显得拥堵。因此简洁明快、主次分明、方便实用是 IBM 网页界面部分的综合特征概括。根据效果图，可以使用 DIV＋CSS 的方案进行主界面的设计。

其整体布局图如图 11-5 所示。

Top
Navigation
Leadspace
mainContent
footer

图 11-5　首页布局

在布局网页的时候，遵循自顶向下、从左到右的原则。对于这种结构的布局，可以使用 DIV 层搭建主结构，主体代码可以设计如下。

```
< div id = "ibm - home - page">
    < div id = "masthead">头部区域</div >
    < div id = "leadspace"> banner 区域</div >
    < div id = "mainContent">中间内容区域</div >
    < div id = "footer">底部区域</div >
</div >
```

头部区域又分为用户登录和注册部分以及导航和搜索区。因此，可以头部区域的 div 进行嵌套，划分不同的区域。

```
< div id = " masthead ">
    < div id = " ibm - mast - options ">用户注册和登录区</div>
    < div id = " ibm - universal - nav ">导航区</div>
    < div id = " ibm - search - module ">搜索区</div>
</div>
```

banner 区的实现是采用插入图片的方式,因此 banner 区域可简单实现如下。

```
< div class = "leadspace">
< h1 >< a href = " "><img alt = "智慧的运算" height = "297" width = "518" src = "/images/1.
png"/></a></h1 >
< p >< em >地球在变得更智慧,我们的运算架构也该如此.</em></p>
</div>
```

内容区域又分为两部分。

```
< div id = " mainContent ">
    < div id = "ibm - columns">内容栏目</div>
    < div id = "ibm - content - sidebar">内容区</div>
</div>
```

底部区域也分为两部分。一部分为联系我们,一部分为底部 ICP 注册号。因此底部 div 设计如下。

```
< div id = " footer ">
    < div id = "ibm - access">联系我们</div>
    < div id = "ibm - reg - numberr">icp 注册号</div>
</div>
```

配合细节的 CSS 文件处理,可完成主页面的设计。具体代码可参考本书配套源代码。

5. 二级页面制作

网站的二级页面是根据客户的不同需求由主导航将客户分流到的具体版块内容的页面。由于网站分类内容众多,为使主页面保持简洁,但又不影响用户对信息的精确定位。因此,在主页面上广泛使用了二级导航栏目向二级页面进行引导。主导航的分类显示如图 11-6 所示。

这部分内容都采用了弹出菜单的方式。这种横向导航弹出菜单的方式一般用于信息分类较多的网站,像著名的当当网、卓越网等购物网站都使用了这种方式。弹出菜单

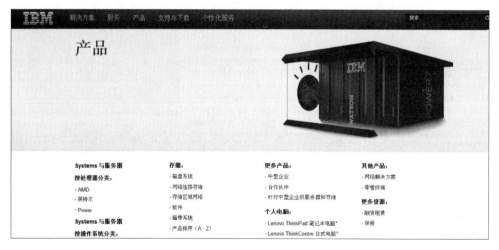

图 11-6　二级导航菜单

的方式可以使用列表元素配合 CSS 和 JavaScript 进行设计。

　　二级页面使用这些主导航栏引导进入的页面。一般而言，为保持网站的一致性，二级页面的风格和主页面会比较相似。可以通过 IBM 中国网站的产品目录导航进入二级页面来学习其制作特点。在 IBM 的主导航上有一个产品栏目，通过单击产品栏目进入其产品介绍版块。由于 IBM 公司的产品内容分类繁多，为了对客户有更清楚的导航引导，可看到二级页面如图 11-7 所示的效果。

图 11-7　二级页面内容

　　该二级页面在页面布局上和主页面保持了一致的风格，尤其是在头部区域和主导航一致，这样可以给客户一种熟悉感。在 banner 条的下面，使用了色彩和排版风格都很简单的方法对产品进行再分类。该区域分为四分栏，可以使用 4 个 DIV 层进行分割，每一分栏的内容可以简单使用列表实现。具体代码如下。

```
< div class = "ibm - columns">
    < div class = "ibm - col - 4 - 1">
        <p>< strong > Systems 与服务器</strong></p>
        < h2 >按处理器分类：</h2>
        < ul >
            < li >< a href = ""> AMD </a></li>
            < li >< a href = "" >英特尔</a></li>
            < li >< a href = "" class = ""> Power </a></li>
        </ul>
        <p>< strong > Systems 与服务器</strong></p>
        < h2 >按操作系统分类：</h2>
        < ul >
            < li >< a href = "" > AIX </a></li>
            < li >< a href = "" > IBM i, i5/OS, &amp; OS/400 </a></li>
            < li >< a href = "" > Linux </a>            </li>
         </ul >
        < h2 > Systems 与服务器:</h2>
        < ul >
        < li >< a href = ""> BladeCenter 刀片服务器</a></li>
        < li >< a href = ""> Cluster 服务器</a></li>
        </ul >
        </div >
    < div class = "ibm - col - 4 - 2">
        ...
</div >
```

6．三级页面制作

在二级页面上经过引导进入的子分类页面叫作三级页面。三级页面的制作要求和准则与二级页面大同小异，值得注意的是，一般网站都希望用户在 3～5 次的鼠标单击后就可以找到确定的信息。因此，一般网站都会在二级页面或三级页面后进入内容页面。

单击产品分类中的磁盘存储系统连接，进入该版块三级页面内容。页面截图如图 11-8 所示。

该页面从结构上来看，采用上中下标准布局方式。与主页面相比较，缩小了导航和 Logo 所占面积，突出显示中间的内容区域。其中，中间的内容区域又分为左中右三分栏。左侧边栏为纵向的导航内容。中部是较直观的宣传图片，中下部放置产品介绍、支持和服务、解决方案等重要信息。右侧则使用图文混排的方式提供产品询价、流行产品解决方案等常用功能。下部主要放置公司各类信息、联系方式等。其中，头部布局与主

图 11-8　三级页面内容

页面较为相似。中间部分其 DIV 布局如下。

```
<h1>磁盘存储系统</h1>
<p><em>随需应变领域的存储器</em></p>
<div id="ibm-leadspace"><img src='170.gif' width='530' height='170'/></a></div>
<div class="ibm-container-body ibm-two-column">
<div class="ibm-column ibm-first"></div>
<div class="ibm-column ibm-second"></div>
</div>
```

从以上内容规划分析可以很清晰地看到，IBM 能够很好地把握住顾客心理，抓住关键视觉部位无不围绕着产品转的主动权。

7. 内容页面的制作

通过三级页面的导航，进入到最终的内容页面。内容页面主要为浏览者获取具体信息的页面。因此主要以文字和图片排版为主要表达方式。从图 11-9 磁盘存储的具体产品内容页面上看，为保持网站的一致性，主导航和左侧边栏导航都和三级页面保持

一致。主要内容区域仍然为三分栏结构。主要的内容放入了中间区域。标题采用
<h1>标记进行定义,使得标题清晰。具体内容使用了图片和文字的描述方式。

图 11-9　产品内容页面

这种内容区标准的三分栏布局,其 DIV 层的划分可以如下所示。

```
< div id = "mainContent">
    < div id = "leftsidebar"> This is the leftsidebar </div >
    < div id = "content"> This is the content </div >
    < div id = "rightsidebar"> This is the rightsidebar </div >
  </div >
```

主内容区域主要为文字和图片的展示信息,布局可随需而动,具体代码参考本书配
套源代码。

实验 3: IIS 服务器安装及站点本地发布

整个网站制作完成后,首先要在本地机器进行测试,然后上传到服务器上。在本地
进行测试首先要安装 IIS 服务器。IIS(Internet Information Services,互联网信息服务)
是由微软公司提供的基于运行 Microsoft Windows 的互联网基本服务。

1. IIS 服务器安装

从配套资源中找到 IIS 安装包。

在控制面板中选择"添加/删除程序"，在出现的对话框中选择"添加/删除 Windows 组件"。

在出现的复选框中选择安装 Internet 信息服务（IIS），这一组件约需 19MB 空间，如图 11-10 所示。

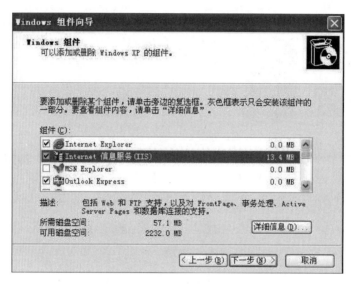

图 11-10 "Windows 组件向导"对话框

单击"下一步"按钮，指定安装包位置，完成安装。

2. 站点本地发布配置

系统安装成功，会自动在系统盘新建网站目录，默认目录为 C\Inetpub\wwwroot。

打开"控制面板"→"性能和维护"→"管理工具"→"Internet 信息服务"，如图 11-11 所示。

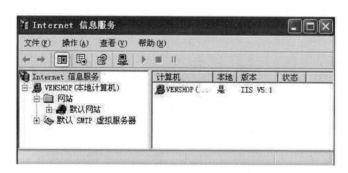

图 11-11 "Internet 信息服务"

在默认网站上右击,选择"属性"。IP 地址选择本机 IP 地址,其他可以使用默认属性值,如图 11-12 所示。

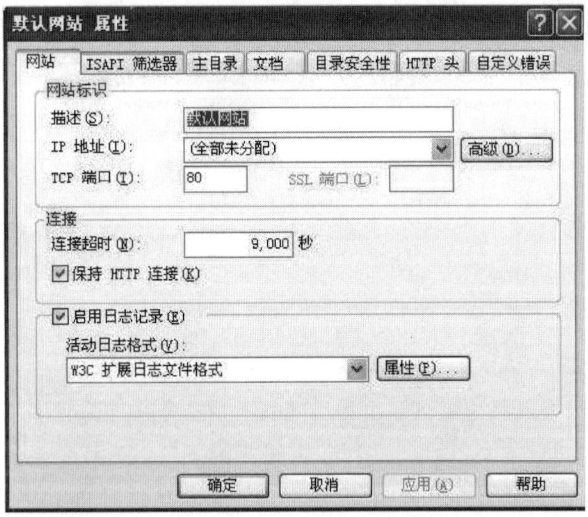

图 11-12　Internet 信息服务的网站属性

打开"主目录"选项卡,在"本地路径"输入框后,单击"浏览"按钮可以更改网站所在文件位置,默认目录为 C:\Inetpub\wwwroot。

打开"文档"选项卡,可以设置网站默认首页,推荐删除 iisstart.asp,添加 index.asp 和 index.htm。

把站点文件复制到 C:\Inetpub\wwwroot 下。

可以通过以下方式访问网站。

http://localhost/class/或 http://127.0.0.1/class/

或

http://计算机名/class/

或

http://本机 IP 地址/class/。

11.2　学 生 实 验

1. 根据给定素材,利用表格布局如图 11-13 所示的企业宣传网站。

2. 查看卓越网 www.amazon.cn 页面布局,利用 DIV＋CSS 布局该网站,如图 11-14 所示。

图 11-13　table 布局的网站

图 11-14　DIV＋CSS 布局的网站

## 第 12 章

质臻家居网站制作实例

本实验通过一个质臻家居网站的建设过程,描述了如何将本书所介绍的创建网页的知识应用于实际项目中的基本步骤。

本次实验将学习:

(1) 网站设计的定位。

(2) 网站需求分析。

(3) 网站结构规划。

(4) 网站目录管理。

(5) 网站风格设计。

(6) 常用网页布局方法。

(7) 网站内容设计。

实验目标:

(1) 掌握网站建设的基本流程。

(2) 完成商业购物网站设计。

12.1 讲述与示范

实验:质臻家居网站的规划与设计

1. 网站定位

质臻家居网站是依托家居产品销售的典型的电子商务购物网站。为打造温馨家居的整体氛围,网站的整体色彩以暖色调为主,白色为辅。在布局上首页采用大广告位设计,提升商品的视觉冲击力,主体布局以内容标题为版块区分,简洁明快。内容页产品展示以高清大图为主,搭配的文字信息精炼醒目。

所有家居产品均有序组织归类、层次清晰展示、相关内容智能互联,如果消费者查询一款家居产品,将清晰显示与该产品相关的报价、规格参数、商品介绍、商品评价、售后保障、促销活动、在线下单等所有信息,方便购物者浏览、查询、线上自助购买。

2. 需求分析

准确定位客户群体需求是网站页面设计与内容建设的基础。

对于质臻家居网站而言,具体的用户需求分析包括:

（1）界面美观大方,浏览页面时有舒适感。

（2）方便消费者查询、搜索商品。

（3）分类设置不同主题的二级网页。

（4）清晰显示与具体产品相关的报价、规格参数、商品介绍、商品评价、售后保障、促销活动等信息。

（5）方便卖家后期的产品更新和页面维护工作。

3. 栏目设计

图 12-1 质臻家居网站
栏目结构图

质臻家居网站整体分为首页、家具城、建材城、家居家饰四大栏目。如图 12-1 为网站的栏目结构图。首页是进入网站的第一个页面,主要起到向其他三个栏目内容导航的作用。主栏目下还可以分为二级栏目和三级栏目,如在家具城栏目中又分为清新地中海和田园混搭风两个子分类栏目。

4. 目录管理

网站目录结构是指网站的文件目录结构,其帮助开发者高效存储和管理网站文件。网站会建立公共目录,存放各网页需访问和使用的公共信息,例如 image 文件夹存放图片信息,js 文件夹存放 JavaScript 程序,css 文件夹存放各种 CSS 文件。各栏目也可以再建立各自的子文件夹。

一般来说,如果网站信息较大,栏目较复杂,除公共 css 文件夹外,每个栏目目录下还可以存放各栏目的图片文件夹和 css、js 文件夹,方便管理。

质臻家居网站主要做了三个网页。其中,index. html 是主页；funiture 是二级网页家具城的文件夹,包含 funiture. html 及其相关的图片、css、js 文件夹；还有一个具体的产品介绍页面 show 的文件夹,里面有三级网页 show. html 及其相关的图片、css、js 文件夹。它们互相关联, favicon. ico 是标题栏的小图标。网站目录结构如图 12-2 所示。

图 12-2 网站目录结构

5. 网站的风格设计

网站的风格设计是一个网站区别于其他网站的重点，包含品牌传达、氛围渲染、信息排版等纯粹的视觉表现技术。质臻家居网站基于简洁对称的风格进行设计。

简洁、干净、有质感是质臻家居网站传递给访问者的第一感觉。在配色设计上，考虑到客户以中青年及以上群体为主，因此色彩以莫兰迪色系为主要基调，整体使用浅棕红的色调，凸显一种成熟、稳重的氛围，再配合白色形成干净、大气的感觉。

在布局上，考虑大多数人的浏览习惯，采用横向版式，上中下的格局，并且将网站Logo 放入左上角最佳视觉区域。

其主页效果图如图 12-3 所示。

图 12-3　质臻家居网站首页效果图

6. 主页页面布局

在专业网页设计公司，一般会有专门的美工来设计网页，从专业和审美等角度综合考量后，给出含有配色方案、位置布局、字体大小、行距、字体类型、图片大小、间距尺寸等细节的设计效果图。程序员拿到图纸后要首先分析网页的布局结构，了解各组成部分的尺寸大小，之后用程序设计语言实现。质臻家居首页整体上划分为上下两大部分，上部区域主要为 header、main 和 submain 三块内容；下部 footer 区域主要包含底部友情链接和版权栏两部分内容。其整体布局图如图 12-4 所示。

在布局网页的时候，遵循自顶向下、从左到右的原则。对于图 12-4 的布局图排版

图 12-4   首页布局

的顺序应该是头部导航→上部内容区域→下部内容区域→版权栏。对于这种结构的布局，可以使用 DIV 层搭建主结构，主体代码如下。

```
< div id = "container">
    < div id = "subcontainer">
        < header > top </header >
        < div id = "main"> banner 和上部内容区</div >
        < div id = "submain"> content </div >
    </div >
    < div id = "footer"> bottom </div >
</div >
```

7. 全局 CSS 定义

在对页面的布局进行分割之后，除了内容区之外，header 和 footer 两个部分都属于相对固定的区域，将会出现在网站的每个页面上。在进行网站设计时，为保持站点的一致性，应当将应用于它们的样式独立出来，定义为全局的 CSS。另外，每个页面基本都会用到的一些样式，也可以在全局的 css 文件中定义，保证风格的统一，减少源代码的重复定义。

全局 CSS 样式文件一般命名为 default. css、main. css 或 global. css 等，方便在每个页面加以引用。

下面是部分全局 CSS 的格式定义。在该文件中定义了左浮动、右浮动、清除浮动等常用的类,同时使用.more 类定义页面出现多次的样式。

```css
.fl{ float: left;}
.fr{ float: right;}
.clear::after {content:""; clear:both; display:block; }
.more {
    display:inline - block;color:#ca5d2c; line - height:13px; font - size:11px;
    text - transform: uppercase; border: solid 1px # edebea; border - left - color: #
ddd6d2;border - bottom - color:#d3c9c3; text - decoration:none; padding:4px 9px 5px 9px;
border - radius:3px;
    background: linear - gradient( #ffffff, #f0edeb); / * the standard * / }
.more:hover {color:#fff; background:#ca5d2c;}
```

HTML 标记在浏览器中都有默认的样式,不同的浏览器的默认样式之间存在差别。例如 h1 标记直接使用时,不同浏览器按照各自默认的 h1 样式会产生不同的效果。为了保证多浏览器的兼容性问题,提升开发效率,可以通过重新定义标记样式,"覆盖"各浏览器的 CSS 默认属性,这种定义被称为 CSS Reset 技术,即重置浏览器的样式。

下面的代码对质臻家居网站用到的部分元素进行初始化,保证网页的样式在各浏览器中表现一致。一般将重置文件命名为 reset.css。

```css
ul, li, image, h1, h2, h3, h4, dl, dt, dd, p, span, a{padding:0; margin:0; list - style:none;
border:0px; font - family:"微软雅黑","Arial";}
h1,h2, h3, h4{font - family:"微软雅黑"; border: 0px; margin: 0px; padding:0px; font -
weight:normal;}
a{ color:#000; text - decoration:none;}
a:hover{text - decoration:none; text - decoration:underline;}
ol, ul { list - style: none;}
body {background:url(../images/bg.gif) repeat scroll center top #000;
    color: #666666;font - family: "Trebuchet MS", Arial,Helvetica,sans - serif;
    font - size: 13px; height: 100 % ; line - height: 20px;}
```

8. 首页制作

接下来开始制作首页各部分的细节内容。

1) 总体页面布局

常用浏览器宽高比和像素并不完全相同。如果希望网页既能够适配大部分浏览器,又不丢失有效信息,一般会在有效信息块两边留白,使得像素比较低的浏览器也可以看到完整的信息而不必弹出横向导航条。当然这个留白一般并不是真正的白色,而是适合该网页的一些背景色或者背景图片。

质臻家居首页 html 文件中的 DIV 结构如下所示。

```
< div class = " container">
        < div class = " subcontainer"> </div >
        < footer > </ footer >
</div >
```

对这两个 DIV 层进行 CSS 的控制,定义其 CSS 如下所示。

```
.container { margin:0 auto; position:relative; width:988px;
            - moz - box - shadow:0 0 2px 2px ♯222222;
            - webkit - box - shadow:0 0 2px 2px ♯222222;
            - o - box - shadow:0 0 2px 2px ♯222222;
            box - shadow:0 0 2px 2px ♯222222;}
.subcontainer { background - color: ♯FFFFFF; padding - left: 40px; padding - right: 40px;}
```

可以看出,reset.css 样式中定义了 body 的背景色。不管浏览器是什么尺寸,设置多少像素,都会满铺此背景色。

container 设置了"margin:0 auto",使得中间有效内容部分居中显示,宽度为 988px,基本可以适配大部分的浏览器,并使用了 box-shadow 属性为 div 元素设置边框阴影,使其看起来更具立体感。由于 box-shadow 为 CSS3 中的新增属性,这个属性在以往的版本中是不存在的,或者不被支持的,因此,针对不同的浏览器,规定其内核名称让它们可以对新增属性进行解析。浏览器的核心前缀声明主要有:

-moz- :Firefox。

-webkit- :Safari & Chrome。

-o- :Opera。

-khtml- :Konqueror。

-ms- :Internet Explorer。

-chrome- :Google Chrome 专用前缀。

Subcontainer 设置左右两部分各留 40px 的空隙,背景色为白色。

2) Header 头部的制作

从效果图中可以看出,该主页的头部分为三部分内容:左边为质臻家居网站的 Logo、主导航条和搜索栏,可以使用嵌套在 header 层中的两个 DIV 和一个 NAV 层分别控制 Logo、搜索和导航区域。其中,Logo 部分位于左侧,使用左浮动处理;右边为网站的主导航条 menu,使用右浮动处理;搜索框 search 用绝对定位方式定位到右上方。其 html 文件中的 header 结构如下所示。

```
< header >头部区域
        < div class = "logo">logo 位置</div>
     < nav >导航位置</ nav >
            < div id = "search">搜索框</div>
</ header >
```

header 对应的 CSS 代码设置了背景图片、块的高度,定位方式为相对定位。

```
header{background:url(../images/header_inner_bg.jpg) no - repeat scroll center 0
        ♯CC5F2D; height: 120px; padding - top: 26px;
        position: relative; z - index: 10; }
```

首页头部布局效果如图 12-5 所示。

图 12-5　首页头部布局

接下来继续细化头部的制作。首先将 Logo 图片加入 Logo 层中。在合适的位置添加注释,可以很好地增加程序的可读性及可维护性。其 html 代码如下。

```
< div class = "logo"><!-- Defining the logo element -->
  < h1 >
    < a href = "index.html">
      < img src = "images/logo.png" title = "Mono template" alt = "Mono template" />
    </a>
  </h1>
</div>
```

设定 Logo 层的 CSS 控制信息。默认图片位置居于层的左上方,因此使其向左浮动,并使用 padding 属性调整其内边距。

```
.logo { float: left; padding - left: 40px;}
.logo img {margin:0 auto 3px;}
```

接下来制作导航部分。导航区域使用了标准的横向导航栏,采用通用的列表方式实现。在 html 导航 nav 中利用列表标记加入栏目名称作为导航内容:

```
< nav ><!-- Defining the navigation menu -->
    < ul >
        < li class = "active">< a href = "index.html">首页</a></li>
```

```
        <li><a href = "furniture. html">家具城</a></li>
        <li><a href = "#">建材城</a></li>
        <li><a href = "#">家居家饰</a></li>
    </ul>
</nav>
```

此时预览的话,列表项目竖向排列,看不到横向效果。在 CSS 文件中对列表进行控制。首先在 CSS 中加入如下代码。

```
nav {float: right; padding - top: 70px;}
nav ul { padding:0px 0px 0 0;}
nav ul > li {float:left; line - height:14px; border - left:1px solid #ff9d4e;
            background:url(../images/menu_bg. gif) 0 0 repeat - x #df6a35;
            border - top:1px solid #ee8346;
            background: linear - gradient(#eb753f, #df6a35); }
nav ul li { position:relative;}
nav ul > li:first - child {border - left:solid 1px #e3773d;}
nav ul > li:hover, nav ul > li. active, nav ul > li. sfHover {
        border - top:solid 1px #a2522a;
        background:url(../images/menu_bg. gif) 0 - 148px repeat - x #652812;
        background: linear - gradient(#9e4926, #652712); }
nav ul > li:hover > a, nav ul > li. active , nav ul > li. sfHover > a {
        color: #f9dcb4;}
nav ul > li > a { display:inline - block; color:#fff;width:123px;
            text - align: center; line - height: 18px; padding: 14px 0 16px; text -
decoration:none;text - transform:uppercase; font - size:15px;
            font - family:"Trebuchet MS", Arial, Helvetica, sans - serif;}
```

之前在重置代码里面已经分别取消列表项符号、删除 ul 的缩进。NAV 中的 float: right 的意思是使整个菜单靠右侧显示,而 li 中的 float:left 的意思是用浮动属性让 li 的内容都在同一行显示,每个 menu 项都设置了一个渐变色的背景图片,由 JavaScript 代码控制首页第一个 menu 项背景色加深显示,之后光标移到或者选中其他项时,也会变更其背景色。

接下来是搜索部分,利用表单实现,其 html 代码如下。

```
<section id = "search"><!-- Search form -->
    <form action = "#" onSubmit = "return false;" method = "get">
        <input type = "text" onFocus = "if (this. value == 'Search..')
        this. value = ''" onBlur = "if (this. value == '') this. value = 'Search..'"
        value = "Search.." name = "q">
        <input type = "submit" value = "">
    </form>
</section>
```

在 CSS 文件中继续写入如下代码。

```
# search {overflow:hidden; position:absolute; right:10px; top:10px;}
# search form {float:left; height:28px; width:196px;
  background:url(../images/search1.png) no-repeat scroll 0 0 transparent; }
# search form input[type = "text"] {background:none repeat scroll 0 0
    transparent; border:medium none; float:left; height:18px; margin:0;
    overflow:hidden; padding:4px 4px 4px 11px; width:155px;}
# search form input[type = "submit"] {
    background:url(../images/search2.png) no-repeat scroll 0 0 transparent;
    border:medium none; cursor:pointer; float:left; width:26px;
    height:28px; margin:0; padding:0; overflow:hidden;}
```

在该代码中,搜索框整个采用绝对定位的方式来定位到右上角,表单内部的两个
input 框不要默认的外框,同时都左浮动并排放在一起,"cursor:pointer;"指当光标放
到搜索图片上时,显示类似超链接的"手"的样子。

3)main 的制作

该网站的 main 部分包括三个主要模块:slider-wrapper 栏使用轮播图;promo 部
分利用浮动属性实现图文混排;content 部分是一个包含三个项的列表。

```
< div id = "main">
    < section id = "slider - wrapper"> </section >
    < section id = "promo"> </section >
    < section id = "content"> </section >
</div >
```

执行后显示效果如图 12-6 所示。

图 12-6　main 栏

接下来继续细化 main 的制作。

下面是 slider-wrapper 栏的 HTML 代码,配合 JavaScript 代码实现轮播图效果。

```
< section id = "slider - wrapper"><!-- Promo slider -->
  < div id = "slider" class = "nivoSlider">
    < img style = "display: none;" src = "images/promo1.jpg" title = "♯htmlcaption-1">
    < img style = "display: none;" src = "images/promo2.jpg" title = "♯htmlcaption-2">
    < img style = "display: none;" src = "images/promo3.jpg" title = "♯htmlcaption-3">
</div>
< div id = "htmlcaption-1" class = "nivo-html-caption">
      < h5 class = "p2">O2O 综合家居购物平台</h5>
      < p > Promo text description here </p>
</div>
  < div id = "htmlcaption-1" class = "nivo-html-caption">
    < h5 class = "p2">欧式家具,韩式家具</h5>
    < p > Promo text description here </p>
  </div>
    < div id = "htmlcaption-2" class = "nivo-html-caption">
      < h5 class = "p2">现代家具,中式家具,儿童家具</h5>
      < p > Promo text description here </p>
    </div>
    < div id = "htmlcaption-3" class = "nivo-html-caption">
      < h5 class = "p2">美国进口床垫、建材、家纺、家电等商品</h5>
      < p > Promo text description here </p>
    </div>
</section >
```

接下来制作 promo 部分。

```
< section id = "promo"><!-- Defining the promo section -->
    < img alt = "" src = "images/promo.jpg">质臻家居网-O2O 综合家居购物平台
    < br />提供新中式、美式、欧式、韩式等各种家具
</section >
```

在 CSS 中加入如下代码,图片左浮动即可使得图片在左边显示;文字在右边分两行排列,下方有一个横线作为分隔线。

```
♯ promo {border - bottom: 1px solid; color: ♯704336; display: block;
        line - height: 50px; overflow:hidden; padding:20px 0;
        width:908px; font - size:24px; position: relative;}
♯ promo img {float:left; margin - right:20px;}
```

接下来是 content 部分,利用列表实现。

```
<section id = "content"><!-- Defining the featured content section -->
    <ul>
        <li>
            <h2>家具城</h2>
            <p>质臻家居网上家具城官网 - 中国最大家具网购商城!为大家提供在线销售欧
                式家具、美式家具、现代家具、古典家具、餐厅/卧室/儿童房家具。正品家具
                品牌产品,网上买家具就去质臻家居</p>
            <a class = "more" href = "furniture.html">More +</a>
        </li>
        <li>
            <h2>建材城</h2>
            <p>质臻家居网上家具城官网 - 中国最大家具网购商城!为大家提供在线销售欧
                式家具、美式家具、现代家具、古典家具、餐厅/卧室/儿童房家具。正品家具
                品牌产品,网上买家具就去质臻家居</p>
            <a class = "more" href = "#">More +</a>
        </li>
        <li>
            <h2>家居家饰</h2>
            <p>质臻家居网上家具城官网 - 中国最大家具网购商城!为大家提供在线销售欧
                式家具、美式家具、现代家具、古典家具、餐厅/卧室/儿童房家具。正品家具
                品牌产品,网上买家具就去质臻家居.</p>
            <a class = "more" href = "#">More +</a>
        </li>
    </ul>
</section>
```

在 CSS 文件中继续写入如下代码,主要控制列表项里面的 h2、p 标记的格式,类 more 的格式在全局属性中已经定义过,此处无须重复定义,直接调用即可。

h 标记在使用的时候要注意,它本身可以用 CSS 代码很方便地实现,但其语义化的 意义很重要,此处使用了 h2 对应二级网页标题。

```
#content {border - bottom: 1px solid; overflow:hidden; padding:20px 0;
        width:908px;}
#content ul {list - style:none outside none; margin:0; padding:0;}
#content ul li {float:left;margin:0 0 0 22px;width:288px;}
#content ul li:first - child {margin:0;}
#content ul li h2 {color: #CA5D2C;font - size: 30px;line - height: 1.2em;
            margin: 0 0 19px;padding - left: 20px;}
#content ul li p {padding - bottom: 11px;}
```

在该代码中,将三个列表项,也是除首页外的三个主要二级菜单项,横向平均地排 列在一行,格式一致,美观大方。

4）submain 内容部分的制作

首页 submain 内容部分的布局是将中间主体内容分为左右两个部分。其中，左边部分 left 左浮动，右边部分 right 右浮动。总体布局的划分要使用嵌套 DIV 的形式，因为内部有浮动元素，所以其父块直接使用了全局属性中已经设置好的清除浮动的伪类。其 html 代码如下。

```
<div id="submain">中间内容区域
    <section id="subcontent class="clear"></div>
        <div id="left"></div>
        <div id="right"></div>
    </section>
</div>
```

下面是相应的 CSS 样式设定。这部分代码主要对两个区域的宽度、边距、位置等进行设定，注意此处宽度使用了百分比的形式来设置，占父元素宽度的百分比分别为左块 68% 和右块 30%，剩余 2% 则为中间的间隙。

```
#submain {padding:20px 0;}
#subcontent #left {width:68%;float:left;}
#subcontent #right {width:30%;float:right;}
```

布局划分效果如图 12-7 所示。

图 12-7　首页 submain 区域布局

接下来开始细化 submain 各部分的内容。

首先是 left 部分，由列表实现。在 html 代码中写入如下代码：

```
<div id="left">
    <ul>
```

```
        < li >
            < h3 >开年装修必读帖:"菜鸟"变"砖家",防水防潮经验呕心分享</h3>
            < img alt = "" src = "images/post.jpg">
            < p >一年之计在于春,在这个好时节,我来发个装修知识普及帖,分享给即将装修
                的朋友们,如果你是装修"菜鸟",也不用怕,看了此帖,相信一定会对你有帮
                助。</p>
            < a class = "more" href = "♯"> More + </a>
        </li>
        < li >
            < h3 >海量高清毕业照～～ 95 ㎡简欧婚房,装修从无到有(附清单)</h3>
            < img alt = "" src = "images/post.jpg">
            < p >一年之计在于春,在这个好时节,我来发个装修知识普及帖,分享给即将装修
                的朋友们,如果你是装修"菜鸟",也不用怕,看了此帖,相信一定会对你有帮
                助。</p>
            < a class = "more" href = "♯"> More + </a>
        </li>
    </ul>
</div>
```

这部分最主要的就是对列表及其内部各项内容的 CSS 样式进行控制,图片设置为左浮动,直接变块元素,可以消除其下面偶尔可能会出现的白边,同时允许文本在其右侧多行排列。此外,这部分还设置了其宽高的具体尺寸,有利于后期网页维护,直接加载新的非此尺寸的图片,也会将新的图片按照设置尺寸显示,不会影响网页显示效果。CSS 代码如下。

```
♯ subcontent ul {list - style:none outside none; margin:0; padding:0;}
♯ subcontent ul li {color: ♯737373;font - size:12px;line - height:18px;
                    margin - bottom:10px;overflow:hidden;padding:7px;}
♯ subcontent ul li h3 {color: ♯704336; line - height: 1.2em;
                    margin - bottom: 3px; font - size: 20px;}
♯ subcontent ul li img {float:left;height:128px; width:128px;
                    margin:5px 20px 5px 0;}
♯ subcontent ul li p {padding:0 0 13px;}
```

然后是 right 部分,由列表实现。在 html 代码中写入如下代码,其中,more 的代码因为页面多次使用,已经在全局格式中定义。

```
< div id = "right" >
    < dl id = "acc" >
        < dt class = "active" >< a href = "♯">电视柜</a></dt>
            < dd class = "active" style = "display: block;" >
                < p >酒柜鞋柜休闲椅间厅/玄关柜客厅套装 ...</p>
                < a class = "more" href = "♯"> More + </a>
```

```
            </dd>
        <dt class = ""><a href = "♯">进口床垫</a></dt>
            <dd style = "display: none;">
                <p>斗柜妆台穿衣镜床尾凳……</p>
                <a class = "more" href = "♯">More +</a>
            </dd>
        <dt><a href = "♯">居家日用</a></dt>
            <dd>
                <p>枕芯装饰摆件布艺织物厨房餐饮家居饰品……</p>
                <a class = "more" href = "♯">More +</a>
            </dd>
    </dl>
</div>
```

这部分最主要的就是对列表及其内部各项内容的 CSS 样式进行控制，CSS 代码如下。

```
dl♯acc{height:auto !important; list - style - type:none; padding:8px 0px 8px 0;}
dl♯acc dt{margin - bottom:0; margin - top:1px !important;}
♯acc dt {background:url(../images/acc_a_bg.gif) 0 0 repeat - x ♯efedeb;
        position:relative;}
♯acc dt.first {padding - bottom:1px;}
♯acc dt a {display:block; position:relative; padding:9px 0px 9px 33px;
    background:url(../images/acc_marker.png) 19px - 34px no - repeat;
    overflow:hidden; color:♯ca5d2c; font - size:13px; font - weight:bold;
    border:solid 1px ♯e3dedc;border - top - color:♯eeeceb; text - decoration:none;
    border - bottom - color:♯d7cfcb;text - transform:uppercase;}
♯acc dt a:hover, ♯acc dt.active a {background - position:13px 18px; color:♯704336;}
♯acc dt strong {color:♯000;float:left;font - size:19px;font - weight:normal;
            line - height:1.2em;padding - top:4px;text - decoration:none;}
♯acc dd {background:url(../images/acc_content_bg.gif) 0 0 repeat - x ♯fff;
        display:none;font - size:13px; line - height:20px;
        margin:0 !important;padding:15px 20px 27px 19px;}
♯acc dd p {padding - bottom:11px;}
♯acc dd.active {display:block;}
```

其中"!important"说明此样式非常重要，权重非常高，不管它写在哪里，基本都会按照这个样式来显示，一般要比较慎重地使用。

同时配合 JavaScript 代码实现动态控制。

5）底部 footer 的制作

底部区域包含了底部友情链接和版权信息两部分内容。底部友情链接由图片链接构成，左浮动，右侧版权信息右浮动。预览的效果图如图 12-8 所示。

图 12-8　底部 footer 效果图

其 HTML 代码具体如下，其中左侧为包含图片超链接的列表项，右侧为版权信息。

```html
<footer><!-- Defining the footer section of the page -->
    <ul id="social"><!-- Social profiles links -->
        <li><a href="#" title="facebook" rel="external nofollow">
            <img alt="" src="images/facebook.png"></a>
        </li>
        <li><a href="#" title="twitter" rel="external nofollow">
            <img alt="" src="images/twitter.png"></a>
        </li>
        <li><a href="#" title="linkedin" rel="external nofollow">
            <img alt="" src="images/linkedin.png"></a>
        </li>
        <li><a href="#" title="rss" rel="external nofollow">
            <img alt="" src="images/rss.png"></a>
        </li>
    </ul>
    <div id="privacy">
        © 2008-至今 质臻家居 版权所有,并保留所有权利。
    </div>
</footer>
```

CSS 样式代码如下，主要设置了背景色、字体大小、字体颜色等，同时利用浮动布局了各自的位置。

```css
footer {padding:20px 40px; text-align:right; font-size:11px;
        background-color:#f6f4f2; overflow:hidden;}
footer a{text-decoration:none; color:#5E5956;}
#social {float:left; list-style:none outside none; margin:0; padding:0;}
#social li {float:left; padding:0 0 0 3px;}
#social li a:hover img {margin-top:1px;}
footer #privacy {float:right;}
```

9. 二级页面

质臻家居二级页面主要有三个，对应家具城、建材城、家居家饰三个主导航栏目。此处以家具城 furniture.html 为例介绍二级页面的设计思路。该二级页面顶部 header 和底部 footer 以及样式风格均与主页保持一致，这种一致性有助于企业树立品牌形象，并清晰传递信息，也保证了用户不会出现"信息迷航"。

二级页面家具城 furniture.html 效果图如图 12-9 所示。

图 12-9　质臻家居家具城二级页面效果图

质臻家居二级页面和主页相比，顶部 header 和底部 footer 完全一样，不同的部分主要是中间的内容区域。内容区域主要分为两大部分：main 和 guess。main 又包含三个区域，分别是轮播图 slider-wrapper 和两个 furniture，每个 furniture 又包含 ad 和 J-major-suit-box；guess 包含两大部分：floor-hearder-two 和 J-major-suit-box。可以看到这部分有很多类似的样式，每个都可以用一个类来表示，不同位置重复调用即可。其 html 代码如下。

```
< div id = "main"><!-- Defining the main content section -->
    < section id = "slider - wrapper"><!-- Promo slider -->
        < div id = "slider" class = "nivoSlider">
        </div>
    </section>
    < section class = "furniture" class = "clear">
```

```html
<!-- Defining the featured content section -->
    <div class = "ad"></div>
    <div id = "J - major - suit - box">
        <div class = "module - floor major - suit - con">
            <ul class = "floor - a - ul clearfix">
                <li class = "floor - a - img"></li>
                <li class = "floor - a - img"></li>
                <li class = "floor - a - img"></li>
            </ul>
        </div>
    </div>
</section> <!-- cate -->
<section class = "furniture" class = "clear">
<!-- Defining the featured content section -->
    <div class = "ad"></div>
        <div id = "J - major - suit - box">
            <div class = "module - floor major - suit - con">
                <ul class = "floor - a - ul clearfix">
                    <li class = "floor - a - img"></li>
                    <li class = "floor - a - img"></li>
                    <li class = "floor - a - img"></li>
                </ul>
            </div>
        </div>
</section> <!-- cate -->
</div>
<section id = "guess"><!-- Defining the featured content section -->
    <div class = "floor - hearder - two">
        <div class = "header - dot"></div>
            <div class = "header - title">
                <span class = "main - title">猜你喜欢</span>
            </div>
    </div>
    <div id = "J - major - suit - box">
        <div class = "module - floor major - suit - con">
            <ul class = "floor - a - ul clearfix">
                <li class = "floor - a - img1"></li>
                <li class = "floor - a - img1"></li>
                <li class = "floor - a - img1"></li>
            </ul>
        </div>
    </div>
</section> <!-- cate -->
</div>
```

二级页面家具城 furniture. html 中间部分布局划分效果如图 12-10 所示。

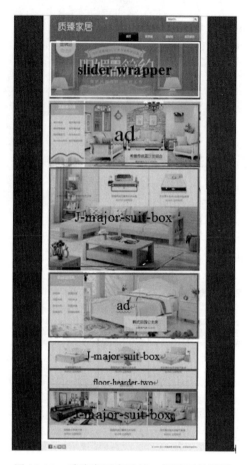

图 12-10　质臻家居家具城二级页面局部图

　　其他版块的二级页，读者可参考以上页面自行设计。在制作二级页面时，应当注意和首页的风格保持一致。

10. 三级内容页面制作

　　质臻家居二级页面仅显示每个大类，点击二级页面里面的每个家居用品的图片或者图片下的文字，均可以进入其对应的详细内容及购买页面，即三级页面，一般也可称为内容页面。

　　以 show. html 页面为例，该页面采用上中下标准布局方式。

　　顶部 header、底部 footer 版权栏等仍保持主页布局风格，但和主页比较，宽度变宽了。

　　中间内容区上半部分主要是产品图片和价格介绍、购买人数以及右侧的商家信息和联系方式等；下半部分是本页的核心展示部分，结合 JavaScript 实现了在同一位置可以分别浏览规格参数、商品介绍、商品评价、售后保障四个菜单内容。整体页面配合

CSS 文件和 JavaScript 实现了静态和动态的结合。

　　此页面大部分知识点和前面重复,在此不再赘述。具体内容页显示效果如图 12-11 所示。

图 12-11　质臻家居家具城三级页面效果图

12.2　学 生 实 验

　　利用 DIV＋CSS 实现一个购物网站的设计。

图书资源支持

感谢您一直以来对清华版图书的支持和爱护。为了配合本书的使用，本书提供配套的资源，有需求的读者请扫描下方的"书圈"微信公众号二维码，在图书专区下载，也可以拨打电话或发送电子邮件咨询。

如果您在使用本书的过程中遇到了什么问题，或者有相关图书出版计划，也请您发邮件告诉我们，以便我们更好地为您服务。

我们的联系方式：

地　　址：北京市海淀区双清路学研大厦 A 座 714

邮　　编：100084

电　　话：010-83470236　010-83470237

客服邮箱：2301891038@qq.com

QQ：2301891038（请写明您的单位和姓名）

资源下载：关注公众号"书圈"下载配套资源。

资源下载、样书申请

书圈

获取最新书目

观看课程直播